最想编织系列—

送给最爱宝贝棒针衫

张 翠 主编

辽宁科学技术出版社
·沈阳·

主　　编：张 翠

编组成员：罗明煦　喻高俊　廉文杰　凤黎昕　窦欣欣　奚靖琪　朱澄邈　云哲瀚　彭伟宸　秦俊朗　施博文　凤建功　施高爽　冯德厚
　　　　　常开霁　尤熙运　许文杰　钱清怡　孟清妍　郎秀艾　殷和璧　罗清舒　彭英媛　杨湛英　薛红叶　华安娜　苗馨荣　施玟丽
　　　　　卫璇玑　章芳润　齐清昶　吴逸美　施思美　许霞绮　鲁丹彤　吴恬美　蒋慧颖　雷湛芳　施里洪　萧贤松　凤旭笙　郎庭沛

图书在版编目（CIP）数据

送给最爱宝贝棒针衫/张翠主编.—沈阳：辽宁科学技术出版社，2014.8

(最想编织系列)

ISBN 978‐7‐5381‐8610‐9

Ⅰ.①送… Ⅱ.①张… Ⅲ.①童服—毛衣—编织—图集
Ⅳ.①TS941.763.1‐64

中国版本图书馆CIP数据核字（2014）第090400号

出版发行：辽宁科学技术出版社
　　　　　（地址：沈阳市和平区十一纬路29号 邮编：110003）
印 刷 者：利丰雅高印刷（深圳）有限公司
经 销 者：各地新华书店
幅面尺寸：210mm×285mm
印　　张：7.5
字　　数：200千字
印　　数：1~5000
出版时间：2014年8月第1版
印刷时间：2014年8月第1次印刷
责任编辑：赵敏超
封面设计：幸琦琪
版式设计：幸琦琪
责任校对：李淑敏

书　　号：ISBN 978‐7‐5381‐8610‐9
定　　价：26.80元

联系电话：024‐23284367
邮购热线：024‐23284502
E‐mail：473074036@qq.com
http://www.lnkj.com.cn

目 录

{粉色公主装}

每个爱美的女生都有一个属于自己的公主梦，粉嫩的色彩搭配领口周围的钩花点缀，再搭配一件同色系的纱裙，公主范儿十足。

{How to make} 制作方法：P65

04

{ 小鱼图案开衫 }

经典的开衫款式，同色系的纽扣
搭配比套头衫更易穿脱。衣身调
皮小鱼图案的编织给衣服增加了
不少童年的色彩。

{How to make} 制作方法：P66

05

{ 粉色背心裙 }

此款背心裙最独特的地方
要数裙摆处麻花花样的编
织了，给衣服增色不少，
这样的背心裙搭配撞色的
打底裤，也是一种时尚的
穿着哦。

{How to make} 制作方法：P67

{ 紫色圆领装 }

此款小背心简洁明了，最大的特点在于领口菱形花花样的编织，衣身大朵花样的点缀更是恰到好处。

{How to make} 制作方法：P68

{ 荷叶边公主裙 }

粉嫩的色彩搭配精致的荷叶边裙摆和领口，显得更加的俏皮可爱。可以搭配一件紧身撞色打底裤相信也是一种不错的选择。

{How to make} 制作方法：P69

{ 麻花长袖装 }

此款毛衣采用最经典的麻花花样
编织了前身片的花样，韩版样式
的衣摆设计穿着起来更加的舒适
安逸。

{How to make} 制作方法：P70

{可爱小鸭图案毛衣}

看到衣身编织的可爱小鸭，是否也
能把你带回到童年的美好时光呢?
简单的针法编织搭配经典的款式设
计，不论是作为打底衫还是外穿都
是很不错的。

{How to make} 制作方法: P71 ~ 72

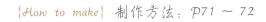

{大红短袖装}

新春伊始，给你的宝贝装扮起来吧，喜庆的大红色是首选哦，在春意渐浓的季节里，让你的宝贝如阳光般耀眼。

{How to make} 制作方法：P73

{ 配色休闲背心 }

红色永远是喜庆的代名词，温暖耀眼，休闲宽松的背心款式，很是百搭，这样的一件背心，男孩女孩都可以穿哦！

{How to make} 制作方法：P75

{ 荷叶边韩版女孩装 }

玫红色搭配浅黄色，这样撞色的
搭配似乎显得格外的流行，韩版
样式的衣身设计，让宝宝穿着起
来更加的舒适。

{条纹配色长袖}

红白条纹配色编织的这款长袖装
显得十分的清新自然，领部的独
特设计更显时尚气息。

{秀美橘红色背心}

橘红色不会特别的刺眼，但总能吸引人的眼球，也是宝贝们喜欢的色彩哦，尽显宝贝的温柔秀美，搭配裙装也是很不错的选择。

{How to make} 制作方法：P77

{ 经典大红唐装 }

唐装一直都是中国服装的代表，
这样的一款大红色唐装简单而不
失精致，不论是男孩还是女孩都
适合拥有哦。

{How to make} 制作方法：P78 ~ 79

｛一粒扣开衫｝

时尚的网格花样编织，经典的菱形花样横织成的衣领，加上精致的一粒扣搭配，这样的一件小开衫适合搭配简单的吊带连衣裙哦。

{How to make} 制作方法：P80

{ 创意 v 领装 }

简单的针法编织,此款毛衣
最大的特点在于衣服领口处
的设计,复古中透露着些许
时尚的气息。

{How to make} 制作方法: P81

{ 橘色套头装 }

亮丽的橘色充满着活力,衣身珍
珠花样的编织手感十足,这样的
一件宽松毛衣搭配一件修身的牛
仔裤,相信也是很不错的选择哦。

{ 简约小开衫 }

简单的开衫款式，相信每个妈妈都会为自己的宝贝准备一件，搭配白色的精致纽扣更是别具一番风味。

{How to make} 制作方法：P83

25

{清新小开衫}

浅浅的黄色，显得小女孩皮肤更加的白皙透亮。搭配小纱裙，公主范儿十足哦。

{How to make} 制作方法：P84

26

{韩式中袖装}

宽松的韩版样式，简单的一字领
编织，搭配一朵精致的黑色花朵，
这样的一件中袖装也是夏季宝贝
们的必备单品哦。

{How to make} 制作方法：P85

{ 娃娃领长袖装 }

流畅的针法编织，形成了完美的波浪式衣摆，经典娃娃领设计更加突显出小朋友的纯真可爱。直接搭配一件紧身的打底裤也是很不错的哦。

{How to make} 制作方法：P86

{水果图案毛衣}

经典的米白色简约大气，衣身菱形花样
的线条，搭配各式的水果图案的编织，
是否也能打开你的味蕾呢。

{How to make} 制作方法：P87

{精致背心装}

此款背心装做工非常的精致，而且针法也很特独，就如一朵朵绽放的小花，搭配一件小短裤相信也很不错哦。

{How to make} 制作方法：P88

{简约打底毛衣}

此款毛衣由于款式的贴身设计以及花样的简单编织，作为冬季的打底毛衣是再合适不过的了。

{ 帅气翻领毛衣 }

此款以深蓝色为主，夹杂着白色，段染
的线材编织显得气质十足，搭配一顶鸭
舌帽，也是潮男一枚。

{How to make} 制作方法：P90

{配色圆领毛衣}

此款毛衣是新手妈咪们的首选之作，简单的款式，基础的针法，加上流行的配色编织，这样的一款套头毛衣你也赶紧试试吧。

{How to make} 制作方法：P91

{ 时尚背心裙 }

背带处，口袋处都采用了经典的
麻花花样编织，基础的上下针编
织自然地形成了卷曲的裙下摆，
冬季在里面搭配一件厚打底毛衣
也是很不错的选择。

{How to make} 制作方法：P92

{ 天蓝色长袖装 }

简简单单的长袖装非常适合作为
冬季的打底衫，外穿的时候搭配
一件时尚的豹纹纱裙或者小短裤
都是很不错的搭配。

{How to make} 制作方法：P93

{How to make} 制作方法：P94

{简约短袖装}

此款短袖装款式十分的新颖独特，
衣身编织花样由两部分构成，衣襟
处没有采用最平常的纽扣，而是选
择了系带的交叉式设计，创意十足。

{ 时尚休闲套头衫 }

简单休闲的款式，搭配横织的立体花样，让普通的毛衣也变得时尚起来，搭配一件运动休闲裤也能很潮。

{How to make} 制作方法：P95

{黑白猪图案毛衣}

此款开衫选择清新自然的浅绿色，领口采用圈织的树叶花花样，俏皮可爱，经典形象的黑白猪设计更是独到。

{How to make} 制作方法：P96

{ 休闲连帽无袖装 }

此款无袖装搭配休闲的连帽设计，
显得十分的简单轻松，相信小朋
友穿着起来也更加的舒适。

{How to make} 制作方法：P97

{ 复古风小外套 }

此款毛衣由于线材的选择，以及纽扣的搭配，显得复古范儿十足，搭配一件小纱裙，复古中又透露着些许时尚的气息。

{How to make} 制作方法：P98

{紫色公主套裙}

深深的紫色，精致背心搭配时尚小短裙，
气质范儿十足，这样的一套公主套装，
相信妈妈们也都会爱不释手吧。

{How to make} 制作方法：P99—P100

{ 经典拉链开衫 }

此款开衫搭配拉链省去了穿脱衣
服的麻烦，咖啡色的线材选择复
古味十足，搭配一副白色眼镜框，
帅气逼人。

{How to make} 制作方法：P101

{ 美丽葡萄园上装 }

纯黑的底色上，葡萄成熟，花儿绽放，鲜亮抢眼，让人想不注意都难哦。

{How to make} 制作方法：P102

{ 学院派连衣裙 }

简洁大方的款式，内敛的深蓝色，
领口处时尚的荷叶花边，搭配一
件白色衬衣，堪称完美。

44

{How to make} 制作方法：P103 ～ 104

{紫荆花短袖装}

衣身最惹眼的要数红色的紫荆花编
织了，妈妈们也可以根据自己的喜
好为宝贝们编织他们最爱的图案，
相信也是一份爱的创意哦。

{How to make}制作方法：P105

{帅气∨领毛衣}

宽松的款式设计，简单的∨领编织，穿出时尚的运动休闲风，衬得小男孩儿更加的英气逼人。搭配一件露领的衬衣也是很不错的。

{How to make} 制作方法：P106

{ 条纹配色背心 }

时尚的灰色搭配经典的深紫色，
撞色的搭配显得格外的抢眼，这
样的一款小背心也是春秋时节的
必备单品哦。

{How to make} 制作方法：P107

{运动型男孩儿装}

简洁的运动款式,穿出休闲味儿十足的轻松和随意,深色系的线材选择,更透露着几许复古的味儿。

{*How to make*} 制作方法:P108

{ 经典黑色毛衣 }

还记得那首经典的《黑色毛衣》吗，每当此时是否就想起了要听妈妈的话，因为妈妈把对宝贝们的爱全都融入了这一针一线之中了。

{How to make} 制作方法：P109

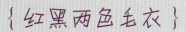

{红黑两色毛衣}

衣身最引人注目的要数鲜红的海豚的编织了，与
衣身红色的条纹编织交相呼应，这样的一款毛衣
作为打底衫也是很不错的选择。

{How to make} 制作方法：P110

{ 撞色泡泡袖裙 }

绿色和黄色的撞色搭配,时尚感十足,泡泡袖的设计公主范儿十足,拥有了这样的一件短袖裙,让你的时尚感与公主范儿并存吧。

{休闲风温暖毛衣}

五颜六色的色彩编织，带给人无限的欢乐与活力，修身的款式设计搭配一件时尚的牛仔裤，相信也是潮男一枚哦。

{*How to make*} 制作方法：P111

{经典圆领配色编织}

制作方法：P112

白色搭配绿色的配色编织，显得井然有序，圈织的衣领特色十足，这样的一款毛衣不仅适合男孩子，也适合女孩子哦。

{How to make} 制作方法：P112

{休闲字母装}

看到这样的一个标志相信大家都不会陌生吧，赶紧入手织一件，让品牌不再离自己那么遥远吧。

{How to make} 制作方法：P113

{修身套头装}

此款毛衣作为打底毛衣是再合适不过了，冬季在外面搭配一件羽绒服，妈妈们就再也不用担心宝贝受冻了。

{How to make} 制作方法：P114

{ 气质双排扣大衣 }

经典的双排扣设计，密实的针法
编织，这样的一件大衣作为冬季
的外套，相信也是密不透风，不
用担心寒风刺骨喽。

{How to make} 制作方法：P115

57

{ 小白兔图案毛衣 }

白白胖胖的小兔子相信陪着很多小朋友都度过了一个快乐的童年，这样的一件小兔子图案毛衣相信很多小朋友都会爱上它的。

{How to make} 制作方法：P116

{黑白配毛衣}

此款毛衣在颜色上选择了经典的黑白搭配，小朋友穿着也是帅气十足，搭配一件休闲的牛仔裤也是非常不错的。

{How to make} 制作方法：P117

{蝴蝶图案毛衣}

经典的插肩袖设计，红色与灰色的配色编织，衣身精美的蝴蝶图案编织，这样的一款毛衣不仅适合外穿，也适合打底哦。

{How to make} 制作方法：P118

{开衫小背心}

此款背心打破了以往头套背心的模式，改为开衫的款式，更加便于小朋友的穿脱，搭配一件时尚的衬衣也很酷哦。

{How to make} 制作方法：P119

{ 温暖大毛衣 }

此款毛衣由于线材的选择以及翻
领的设计，气质范儿十足，搭配
一件时尚的牛仔裤相信能让你的
宝贝更加的帅气哦。

{How to make} 制作方法：P120

粉色公主装

【成品规格】 衣长37cm，胸宽34cm，肩宽33cm

【工　　具】 12号棒针

【编织密度】 32针×38行=10cm²

【材　　料】 粉色宝宝绒线250g

编织要点:

1.棒针编织法。袖窿以下一片织成，袖窿以上分成前片与后片各自编织。

2.下摆起织，下针起针法，起220针，首尾闭合，环织。起织花样A，共排20组花样，不加减针，织56行的高度后，下一行起排花样B编织，不加减针，织34行至袖窿。下一行起分前片与后片各自编织，先织前片。前片110针，两边同时收针4针，然后2-1-4，当织成袖窿算起28行的高度后，下一行中间收针30针，两边减针，2-1-6，各减少6针，再织16行至肩部，余下26针，收针断线。后片袖窿起减针方法与前片相同，当织成袖窿起52行的高度后，下一行中间收针38针，两边减针，2-1-2，至肩部余下26针，收针断线，将前后片的肩部对应缝合。

3.领片的编织。前衣领窝挑80针，后衣领窝挑针40针，起织花样C单罗纹针，不加减针，织6行的高度后收针断线。袖口一圈挑104针，起织花样A，织6行后收针断线。最后用钩针，依照花样D图解钩织5朵立体单元花，将它们均匀排布在前衣领边上缝合固定。衣服完成。

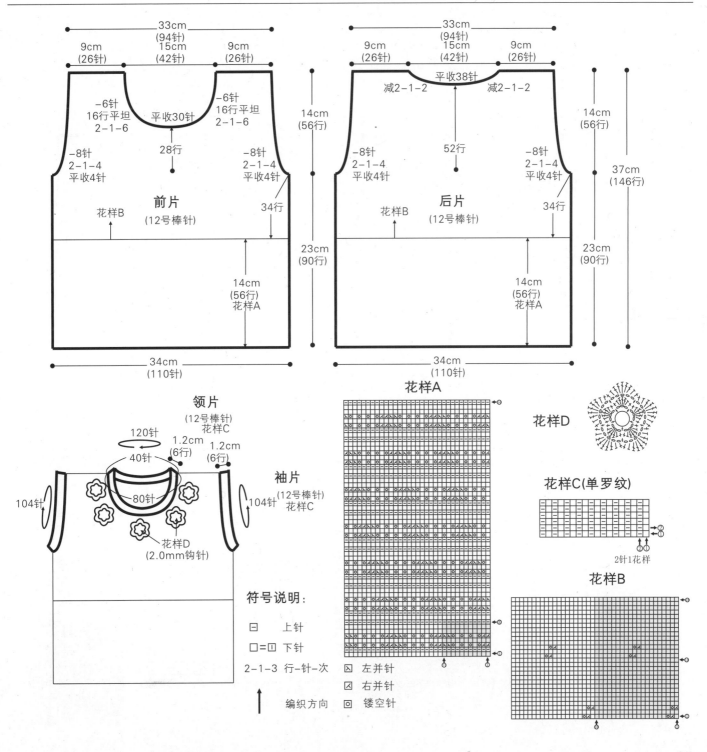

前片
(12号棒针)
花样B

33cm
(94针)
9cm
(26针)
15cm
(42针)
9cm
(26针)

-6针
16行平坦
2-1-6
平收30针
-6针
16行平坦
2-1-6
28行

-8针
2-1-4
平收4针
-8针
2-1-4
平收4针

34行

14cm
(56行)

23cm
(90行)

14cm
(56行)
花样A

34cm
(110针)

后片
(12号棒针)
花样B

33cm
(94针)
9cm
(26针)
15cm
(42针)
9cm
(26针)

平收38针
减2-1-2
减2-1-2

52行

-8针
2-1-4
平收4针
-8针
2-1-4
平收4针

34行

14cm
(56行)

37cm
(146行)

23cm
(90行)

14cm
(56行)
花样A

34cm
(110针)

领片
(12号棒针)
花样C

120针
40针
1.2cm
(6行)
1.2cm
(6行)
80针

104针

104针

袖片
(12号棒针)
花样C

花样D
(2.0mm钩针)

符号说明:

□　上针

□=□　下针

2-1-3　行-针-次

↑　编织方向

☒　左并针

☒　右并针

回　镂空针

花样A

花样D

花样C(单罗纹)

2针1花样

花样B

小鱼图案开衫

【成品规格】 衣长35cm，下摆宽32cm，袖长37cm

【工 具】 10号棒针，缝衣针

【编织密度】 24针×32行=10cm²

【材 料】 粉红色羊毛线400g，橙色等线少许，纽扣6枚

编织要点:

1. 毛衣用棒针编织，由2片前片、1片后片、2片袖片组成，从下往上编织。

2. 先编织前片。分右前片和左前片编织。(1) 右前片用机器边起针法起38针，先织16行单罗纹后，改织全下针，并编入图案，侧缝不用加减针，织至48行至袖隆。(2) 袖隆以上的编织。右侧袖隆平收4针后减针，方法是每织2行减1针减4次，共减4针，不加不减平织40行至袖隆。(3) 同时从袖隆算起织至32行时，开始领窝减针，方法是每2行减1针减4次，每2行减2针减3次，共减10针，至肩部余16针。(4) 相同的方法，相反的方向编织左前片。

3. 编织后片。(1) 用机器边起针法，起76针，先织16行单罗纹后，改织全下针，侧缝不用加减针，织48行至袖隆。(2) 袖隆以上的编织。袖隆开始减针，方法与前片袖隆一样。(3) 同时织至从袖隆算起44行时，开后领窝，中间平收24针，两边各减2针，方法是每2行减1针减2次，织至两边肩部余16针。

4. 编织袖片。从袖口织起，用机器边起针法，起48针，先织16行单罗纹后，改织全下针，袖侧缝两边加8针，方法是每8行加1针加8次，编织70行至袖隆。开始两边平收4针，进行袖山减针，方法是两边分别每2行减3针减2次，每2行减2针减4次，每2行减1针减10次，共减24针，编织完32行后余8针，收针断线。同样方法编织另一袖片。

5. 缝合。将前片的侧缝与后片的侧缝对应缝合，前后片的肩部对应缝合，再将两袖片的袖下缝合后，袖山边线与衣身的袖隆边对应缝合。

6. 领子编织。领圈边挑96针，织10行单罗纹，形成开襟圆领。

7. 门襟编织。两边门襟分别挑106针，织10行单罗纹，左边门襟均匀地地开扣眼。

8. 用缝衣针缝上纽扣，衣服编织完成。

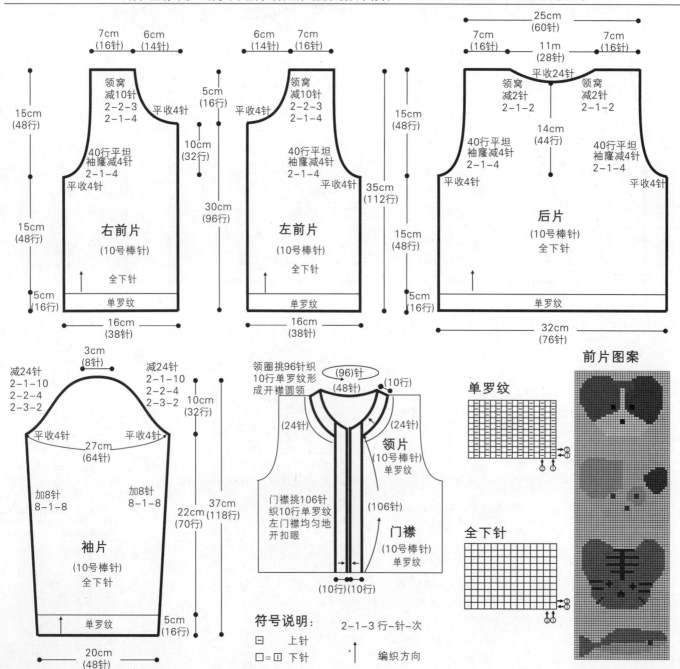

符号说明:

2-1-3 行-针-次

□ 上针

□=回 下针

↑ 编织方向

66

粉色背心裙

【成品规格】 衣长44cm，下摆宽42cm，肩宽24cm

【工　　具】 10号棒针

【编织密度】 32针×44行＝10cm²

【材　　料】 粉色羊毛线400g

编织要点：

1.毛衣用棒针编织，由1片前片、1片后片，从下往上编织。

2.先编织前片。(1)用下针起针法，起134针，织全下针，侧缝不用加减针，织114行时，分散减42针，此时针数为92针，并改织花样A，继续织6行时，开始袖窿以上的编织。(2)袖窿两边平收4针，然后减针，方法是每2行减1针减4次，余下针数不加不减织54行。(3)从袖窿算起织至22行时，开始开领窝，中间平收26针，两边各减6针，方法是每4行减1针减6次，平织16行，至肩部余19针。(4)下摆边另织，起12针，织184行花样B，并与身片下摆缝合。

3.后片编织。(1)袖窿和袖窿以下的织法与前片一样。(2)从袖窿算起织至52行时，开始领窝减针，中间平收30针，两边各减4针，方法是每2行减1针减4次，至肩部余19针。下摆边另织，织法与前片一样。

4.缝合。将前片的侧缝与后片的侧缝对应缝合。前片的肩部与后片的肩部缝合。

5.袖口编织。两边袖口分别挑92针，圈织8行花样C。

6.领子编织。领圈边挑112针，圈织8行花样C，形成圆领。衣服编织完成。

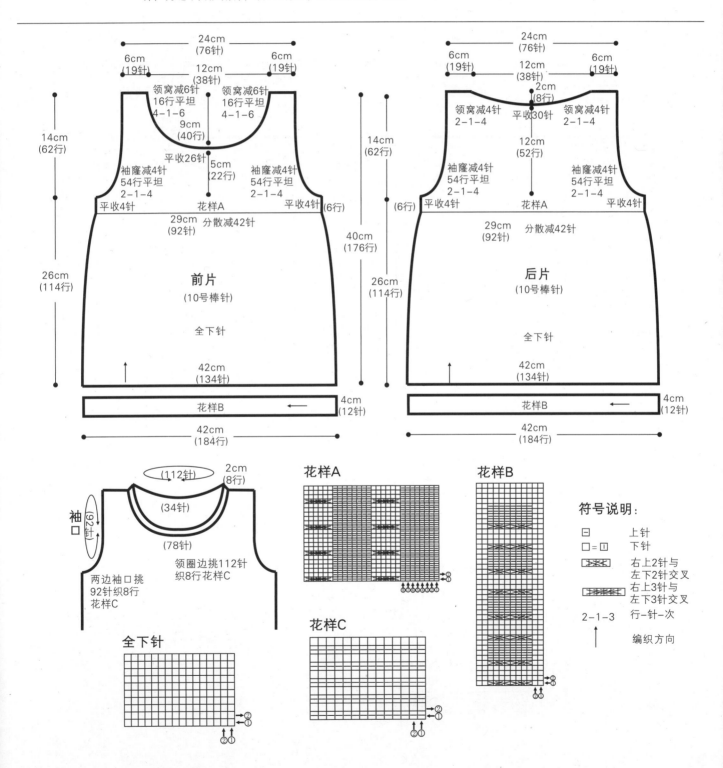

紫色圆领装

【成品规格】	衣长38cm，下摆宽33cm
【工　　具】	10号棒针，钩针
【编织密度】	28针×38行=10cm²
【材　　料】	紫色羊毛线400g

编织要点：

1. 毛衣用棒针编织，由1片前片、1片后片，从下往上编织。

2. 先编织前片。(1) 用下针起针法起92针，先织12行单罗纹，改织全下针，侧缝不用加减针，织76行至袖隆。(2) 袖隆以上的编织。两边袖隆减针，方法是每2行减2针减5次，每2行减1针减2针，织20行后各加12针。(3) 此时针数为68针，在两边各平加22针，加至112针，暂不织待用。
3. 编织后片。编织方法与前片一样。
4. 环形片的编织。把前片与后片合并编织，共224针，圈织花样A，织26行时，分散减34针，并改织6行花样B，再改织6行全下针，形成卷边圆领。
5. 缝合。将前片的侧缝与后片的侧缝对应缝合。
6. 袖口编织。两边袖口分别挑100针，圈织8行单罗纹。
7. 用钩针钩织一朵小花，缝于前片下方，并编织一根带子，围于小花旁。毛衣编织完成。

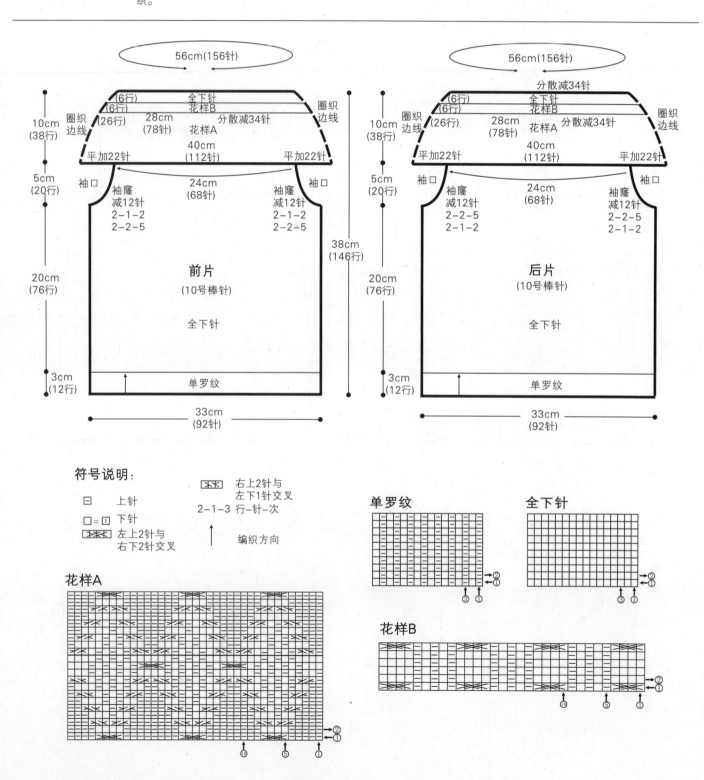

荷叶边公主裙

【成品规格】 衣长46cm，下摆宽44cm，肩宽23cm

【工　具】 10号棒针

【编织密度】 22针×28行=10cm²

【材　料】 粉色羊毛线400g，毛线花边若干，动物装饰件1个

编织要点:

1. 毛衣用棒针编织，由1片前片、1片后片，从下往上编织。

2. 先编织前片。(1) 用下针起针法起96针，编织全下针，侧缝减针，方法是每10行减1针减8次，织86行至袖隆，织片余80针。(2) 袖隆以上的编织。织片分散减16针后，针数为64针，两边袖隆平收5针后减针，方法是每4行减2针减2次，各减4针，余下针数不加不减织34行至肩部。(3) 同时从袖隆算起织至28行时，开始开领窝，中间平收16针，然后两边减针，方法是每2行减2针减3次，各减6针，不加不减织8行至肩部余9针。

3. 编织后片。袖隆及以下编织方法与前片一样，同时从袖隆算起织36行时，开始开领窝，中间平收22针，两边减针，方法是每2行减1针减3次织至肩部余9针。

4. 缝合。将前片的侧缝与后片的侧缝对应缝合。前片的肩部与后片的肩部缝合。

5. 领片编织。领圈挑94针，圈织12行全下针，对折缝合，形成双层圆领。

6. 袖口编织。两边袖口用钩针钩织花边。

7. 沿着领圈。下摆等缝上毛线花边装饰，前片缝上动物装饰片。毛衣编织完成。

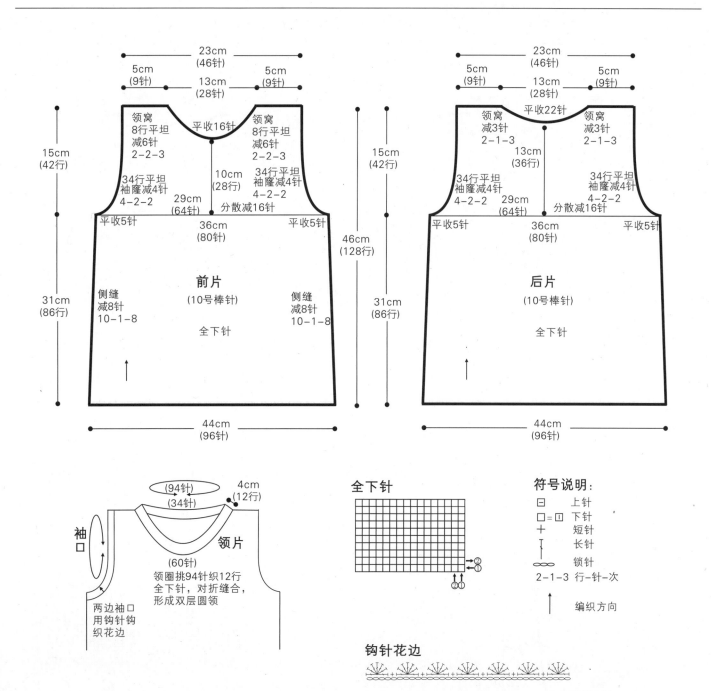

麻花长袖装

【成品规格】 衣长38cm，下摆宽45cm，肩宽21cm，
袖长34cm

【工　　具】 10号棒针

【编织密度】 全下针：22针×32行=10cm²
全下针：28针×32行=10cm²

【材　　料】 粉红色羊毛线400g

编织要点：

1. 毛衣用棒针编织，由1片前片、1片后片、2片袖片组成，从下往上编织。
2. 先编织前片。(1) 用下针起针法起100针，编织6行花样B后，改织全下针，侧缝不用加减针，织64行至袖隆，并分散减20针，此时针数为80针。(2) 袖隆以上的编织。两边袖隆平收4针后减针，方法是每2行减2针减3次，各减6针，余下针数不加不减织46行至肩部。

(3) 同时从袖隆算起织至36行时，开始开领窝，中间平收10针，然后两边减针，方法是每2行减1针减7次，各减7针，织至肩部余18针。
3. 编织后片。(1) 用下针起针法起100针，编织6行双罗纹后，改织全下针，侧缝不用加减针，织64行至袖隆，并分散减20针，此时针数为80针。(2) 袖隆以上的编织。两边袖隆平收4针后减6针，方法是每2行减2针减3次，各减6针，余下针数不加不减织46行至肩部余18针。(3) 同时从袖隆算起织至44行时，开始开领窝，中间平收18针，然后两边减针，方法是每2行减1针减3次，织至肩部余18针。
4. 袖片编织。用下针起针法，起44针，织16行双罗纹后，改织全下针，袖下加针，方法是每4行加1针加14次，织至64行时开始袖山减针，方法是每2行减2针减13次，至顶部余12针。
5. 缝合。将前片的侧缝与后片的侧缝对应缝合。前片的肩部与后片的肩部缝合，两边袖片的袖下缝合后，分别与衣片的袖边缝合。
6. 领片编织。领圈边挑100针，圈织10行双罗纹，形成圆领。毛衣编织完成。

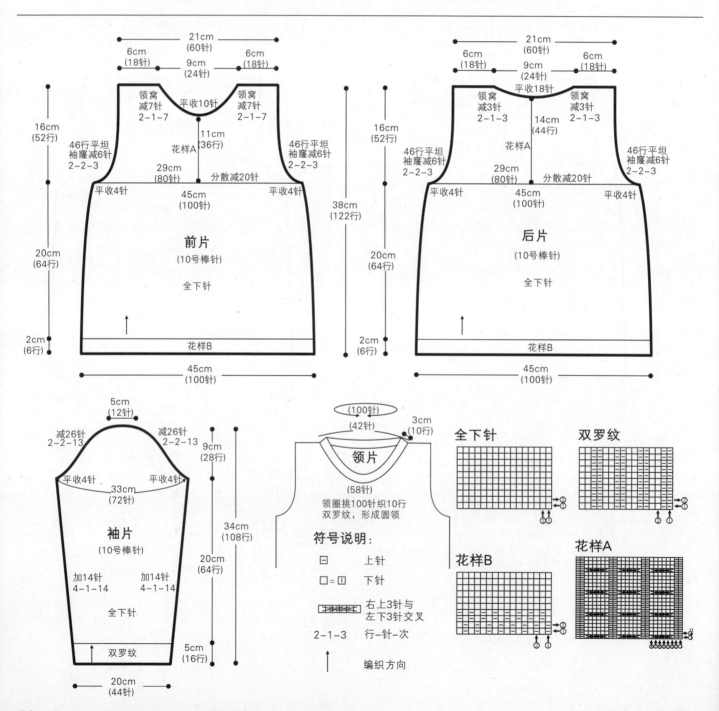

可爱小鸭图案毛衣

【成品规格】 衣长42cm，胸宽35cm，肩宽27cm，袖长37cm

【工　　具】 10号棒针

【编织密度】 27针×39行=10cm²

【材　　料】 红色羊毛线300g，白色50g，其他颜色少许

编织要点:

1.棒针编织法，由前片1片、后片1片、袖片2片组成。从下往上织起。

2.前片的编织，双罗纹起针法，起93针，红色花样A起织，不加减针，织16行。下一行起改织下针花样B，不不加减针织58行，下一行起改织红色下针，不加减针织34行至袖隆。下一行起，两侧同时减针，平收5针，然后4-2-3，织50行，减11针。其中自织成袖隆算起30行高度，下一行进行衣领减针，从中间收针15针，

两侧相反方向减针，2-2-5，织10行，减10针，不加减针编织12行，余下18针，收针断线。

3.后片的编织，袖隆以下的编织与前片相同。自织成袖隆算起46行，下一行进行衣领减针，从中间收针29针，两侧相反方法减针，2-1-3，织6行，减3针，余下18针，收针断线。其他与前片一样。在前片与后片花样B上用十字绣的方法绣上花样B图案。

4.袖片的编织，全用红色线，一片织成。单罗纹起针法，起48针，花样A起织，不加减针织16行。下一行起改织下针，两侧同时减针，8-1-9，织72行，减9针，不加减针织10行。下一行起，两侧同时减针，一次性收针5针，然后4-2-9，织36行，减23针，余下20针，收针断线。用相同方法编织另一袖片。

5.拼接，将前后片侧缝对应缝合。将袖片侧缝与衣身侧缝隙对应缝合。

6.领片的编织，从前片位置挑针72针，后片位置挑针44针共116针，花样A起织，不加减针织10行。收针断线，衣服完成。

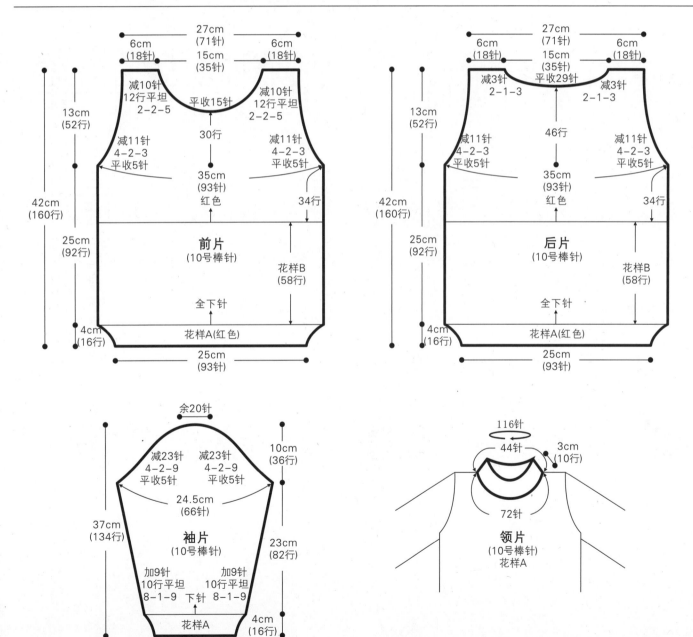

花样A(双罗纹)

花样B

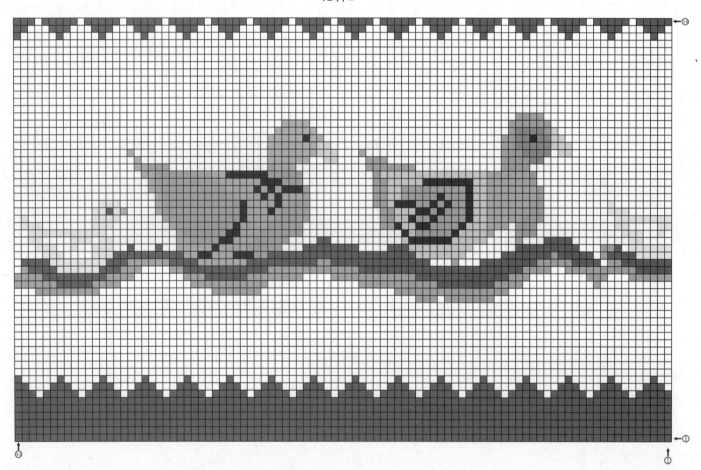

符号说明:

□　上针

□=□　下针

2-1-3　行-针-次

⊠　左并针

⊠　右并针

回　镂空针

↑　编织方向

4针一花样

大红短袖装

【成品规格】 衣长49cm，下摆宽28cm

【工　　具】 10号棒针

【编织密度】 身片：20针×28行=10cm²
　　　　　　双罗纹：26针×28行=10cm²

【材　　料】 大红色羊毛线400g，亮珠3枚

编织要点:

1. 毛衣用棒针编织，由1片前片、1片后片，从下往上编织。
2. 先编织前片。(1) 先用下针起针法，起72针，编织16行双罗纹后，分散减6针，针数变成66针，并改织花样A，侧缝不用加减针，织68行至袖隆。(2) 袖隆以上的编织。袖隆不用加减针，织至20行，开始进行领窝减针。(3) 领窝共减26针，中间平收10针后，两边减针，方法是每2行减2针减4次，共减8针，余下针数不加不减织12行，至肩部余20针。
3. 编织后片。(1) 先用下针起针法，起72针，编织16行双罗纹后，分散减6针，针数变成66针，并改织花样A，侧缝不用加减针，织82行至袖隆。(2) 袖隆以上编织。袖隆不用加减针，织至30行，开始进行领窝减针。(3) 领窝共减26针，中间平收20针后，两边减针，方法是每2行减1针减3次，余下针数不加不减织4行，至两边肩部余20针。
4. 缝合。将前片的侧缝与后片的侧缝对应缝合。前片的肩部与后片的肩部缝合。
5. 领子编织。领圈挑84针，织8行双罗纹，形成圆领。
6. 袖口编织。两边袖口分别挑68针，8行双罗纹，毛衣编织完成。

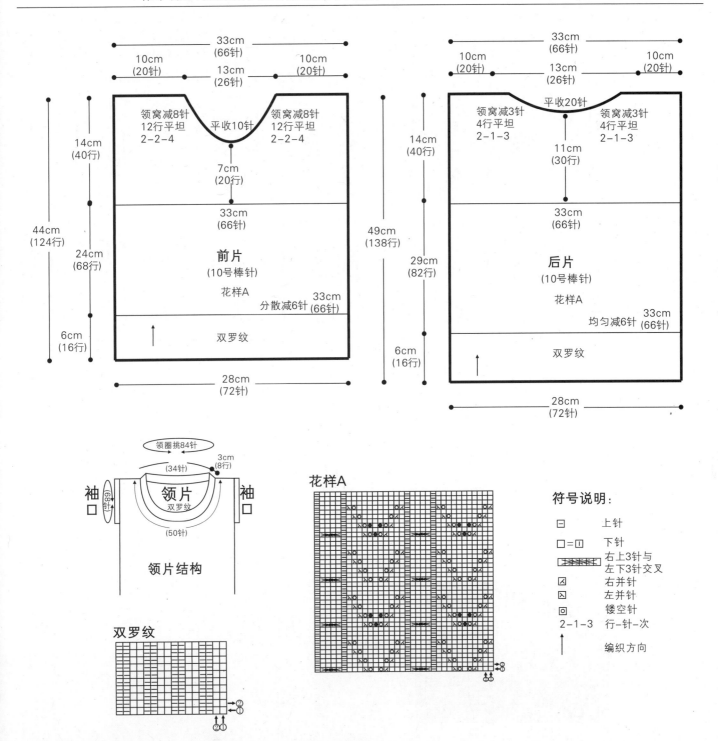

领片结构

双罗纹

花样A

符号说明:

□　　　上针
□=□　　下针
　　　　右上3针与左下3针交叉
☒　　　右并针
☒　　　左并针
回　　　镂空针
2-1-3　行-针-次
↑　　　编织方向

配色休闲背心

【成品规格】 衣长33cm，下摆宽33cm，肩宽24cm

【工　　具】 10号棒针，缝衣针

【编织密度】 21针×32行=10cm²

【材　　料】 红色羊毛线300g，灰色、白色线各少许

编织要点:

1. 毛衣用棒针编织，由1片前片、1片后片，从下往上编织。

2. 先编织前片。(1) 用机器边起针法，起70针，先织

10行单罗纹后，改织全下针，并编入图案，侧缝不用加减针，织48行至袖隆。(2) 袖隆以上的编织。两边袖隆平收4针后减针，方法是每2行减1减6次，各减6针，余下针数不加不减织36行至肩部。(3) 同时从袖隆算起织至22行时，开始开领窝，中间平收10针，然后两边减针，方法是每2行减1针减10次，共减10针，不加不减织6行至肩部余10针。

3. 编织后片。(1) 袖隆和袖隆以下的编织方法与前片袖隆一样。(2)同时从袖隆算起织至42行时，开始领窝减针，中间平收24针，然后两边减针，方法是每2行减1针减3次，织至肩部余10针。

4. 缝合。将前片的侧缝与后片的侧缝对应缝合。前片的肩部与后片的肩部缝合。

5. 编织袖口。两边袖口分别挑84针，环织6行单罗纹。

6. 领子编织。领圈边挑102针，圈织6行单罗纹，形成圆领。毛衣编织完成。

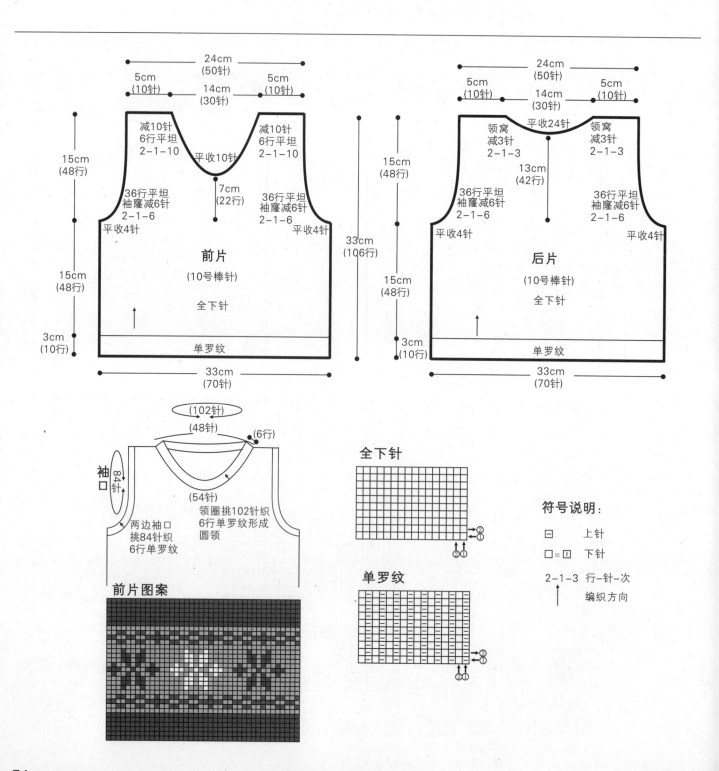

74

荷叶边韩版女孩装

【成品规格】 衣长38cm，下摆宽39cm，肩宽28cm，袖长30cm
【工　　具】 10号棒针，缝衣针
【编织密度】 32针×44行=10cm²
【材　　料】 玫红色羊毛线400g，黄色线少许，肩部纽扣2枚，钩针小花若干

编织要点：

1. 毛衣用棒针编织，由1片前片、1片后片和2片袖片组成，从下往上编织。
2. 先编织前片。(1) 用下针起针法，起124针，先织28行花样B后，改织花样A，侧缝不用加减针，织88行至袖窿。(2)袖窿以上编织。袖窿两边平收4针，同时分散减26针，余下针数继续编织。(3) 此时针数为90针，织至从袖窿算起30行时，开始领窝减针，中间平收22针，两边各减10针，方法是每2行减2针减10次，至肩部余24针。
3. 后片编织。(1) 用下针起针法，起124针，先织28行花样B后，改织花样A，侧缝不用加减针，织88行至袖窿。(2)袖窿以上编织。袖窿两边平收4针，同时分散减26针，余下针数继续编织花样C。(3) 此时针数为90针，织至从袖窿算起44行时，开始领窝减针，中间平收34针，两边各减4针，方法是每2行减1针减4次，至肩部余24针。
4. 袖片编织。从袖口织起，用下针起针法起56针，织8行花样C后，改织花样A，袖下加针，方法是每8行加1针加10次，织80行时，两边平收4针后，进行袖山减针，方法是每2行减2针减10次，织44行至顶部余28针。同样方法编织另一袖片。
5. 缝合。将前片的侧缝与后片的侧缝对应缝合。前后片的侧缝缝合后，两袖片的袖下缝合后，与衣片的袖窿边缝合。
6. 领子编织。领圈边以右肩部为开口点，挑116针，织12行花样C，形成侧翻领，并在领边钩织花边。
7. 在前后片的分散减针处和下摆钩织花边，缝上装饰花朵和肩部纽扣。衣服编织完成。

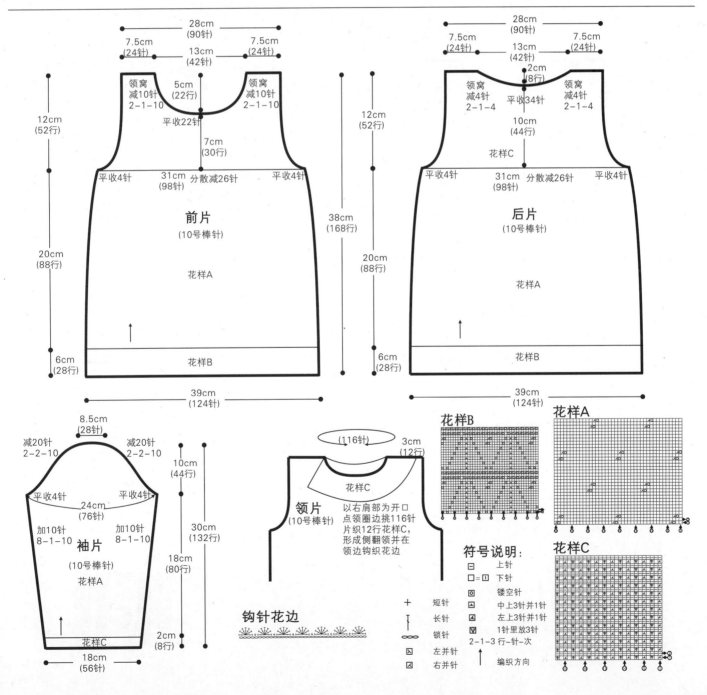

条纹配色长袖

【成品规格】 衣长36cm，下摆宽32cm，肩宽28cm，袖长37cm

【工　具】 10号棒针，缝衣针

【编织密度】 24针×28行=10cm²

【材　料】 红色、白色羊毛线各300g

编织要点：

1. 毛衣用棒针编织，由1片前片、1片后片、2片袖片组成，从下往上编织。
2. 先编织前片。(1)用下针起针法起76针，先织14行花样A后，改织全下针，并配色，侧缝不用加减针，织48行至袖窿。(2)袖窿以上的编织。两边袖窿平收5针，不加不减织40行至肩部。(3)同时织至袖窿算起28行时，开始开领窝，中间平收14针，然后两边减针，方法是每2行减3针减1次，每2行减2针减2次，每2行减1针减3次，各减10针，至肩部余16针。
3. 编织后片。(1)用下针起针法起76针，先织14行花样A后，改织全下针，并配色，侧缝不用加减针，织48行至袖窿。(2)袖窿以上的编织。两边袖窿平收5针，不加不减织40行至肩部。(3)同时织至袖窿算起34行时，开始开领窝，中间平收28针，然后两边减针，方法是每2行减1针减3次，至肩部余16针。
4. 袖片编织。用下针起针法，起44针，先织14行花样A后，织全下针，并配色，袖下加针，方法是每6行加1针加12次，织至90行时余68针，收针断线。同样方法编织另一袖片。
5. 缝合。将前片的侧缝与后片的侧缝对应缝合。前片的肩部与后片的肩部缝合，两边袖片的袖下缝合后，分别与衣片的袖边缝合。
6. 领圈编织。领圈边挑106针，圈织8行花样A，并配色，形成圆领。毛衣编织完成。

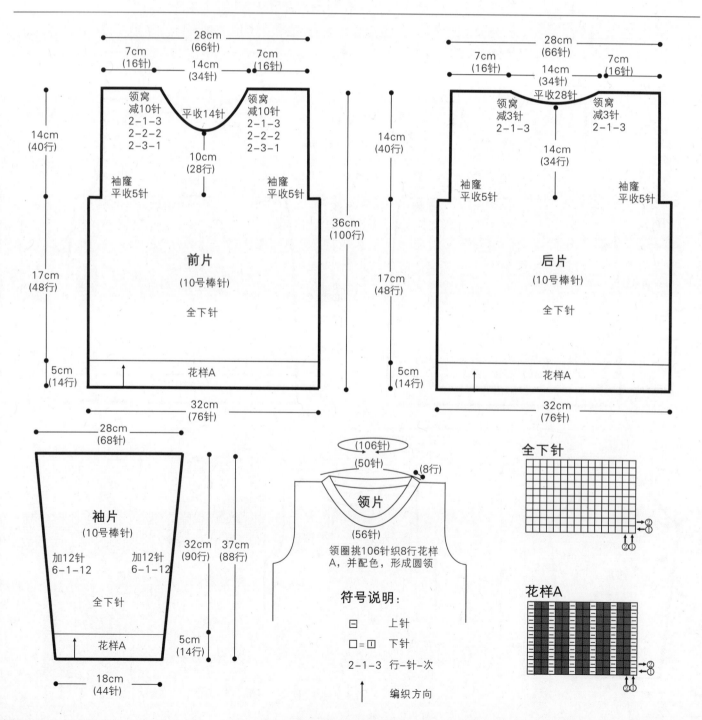

秀美橘红色背心

【成品规格】 衣长39cm，下摆宽32cm，肩宽22cm

【工　具】 10号棒针，钩针

【编织密度】 22针×28行=10cm²

【材　料】 橘红色羊毛线200g，白色线少许

编织要点:

1. 毛衣用棒针编织，由1片前片、1片后片，从下往上编织。

2. 先编织前片。(1) 用下针起针法，起70针，先织6行花

样A后，改织全下针，并编入图案，侧缝不用加减针，织54行至袖窿。(2) 袖窿以上的编织。两边袖窿平收4针后减针，方法是每2行减2减4次，各减8针，余下针数不加不减织42行。(3) 同时从袖窿算起织至22行时，开始开领窝，中间平收10针，然后两边减针，方法是每2行减1针减8次，共减8针，不加不减织12行至肩部余10针。

3. 编织后片。(1) 袖窿和袖窿以下的编织方法与前片袖窿一样。(2)同时织至从袖窿算起36行时，开始开领窝，中间平收14针，然后两边减针，方法是每2行减1针减6次，至肩部余10针。

4. 缝合。将前片的侧缝与后片的侧缝对应缝合。前片的肩部与后片的肩部缝合。

5. 编织袖口。两边袖口和领圈分别用钩针钩织花边。毛衣编织完成。

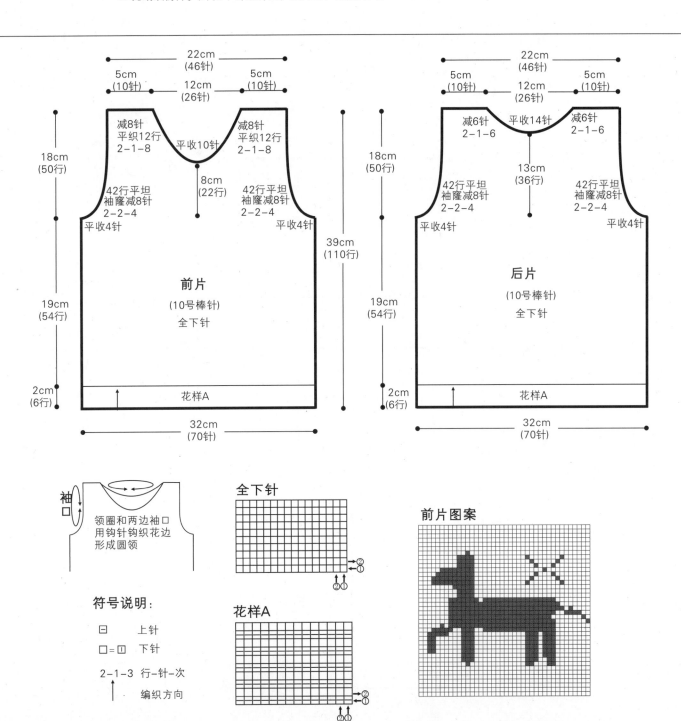

符号说明:

□　上针

□=□　下针

2-1-3　行-针-次

↑　编织方向

77

经典大红唐装

【成品规格】 衣长35cm，胸宽34.5cm，肩宽25cm
【工　具】 10号棒针
【编织密度】 24针×32行=10cm²
【材　料】 红色羊毛线400g，黑色100g

编织要点：

1.棒针编织法。从领口起织。至袖窿分片。分成左右后片，左右袖片和前片。
2.领片的织法：(1)下针起针法，起81针，起织时分出各部分的针数，左右后片各8针，袖片70针，在70针与8针之间，分2针出来织花样B插肩缝加针。前片分73针，73针与袖片之间同样选2针织花样B加针。(2)分片后，起织下针，在花样B上加针编织，织50行开始分衣身

和袖片。左右后片各34针。左右袖片各70针，前片是73针。袖片暂停编织。起织右后片，织34针后，用单起针法，起10针，接上后片织73针，再用单起针法，起10针，接上左后片织34针，来回编织，织下针，不加减针，织52行后，改用黑色线织8行，参照花样C，织8行后改用红色线织狗牙针，织4行，然后改用黑色线织9行结束。以狗牙针为中线对折，将边缘缝于内缝。
3.袖片的编织，起织袖片的70针，腋下将衣身起的10针挑出，环织。以腋下中心2针上进行减针，4-1-1，2-1-4，6-1-1，10-1-1，16-1-1，各减8针，织60行高度后，参照花样C织完21行再对折缝合。相同的方法去编织右袖片。
3.领片织法。将领口的81针用黑色线挑织，起织花样C，织21行后对折缝合。
4.衣襟的编织。沿着衣襟边和衣领侧边，起挑织84针，起织花样A搓板针，织10行的高度后收针断线。右衣襟制作5个扣眼。每2个扣眼间相隔15针，扣眼1针织成。最后根据花样D和花样E在对应的位置用平针绣的方法去绣图。

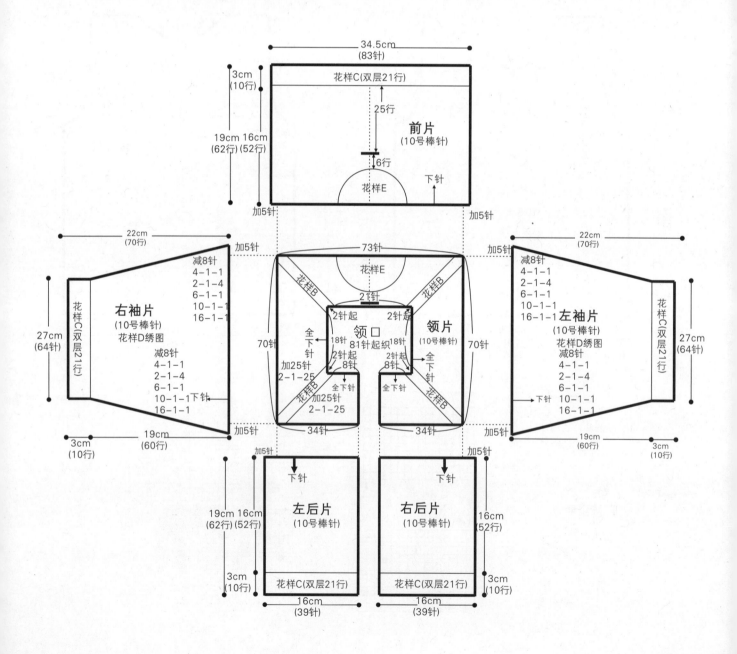

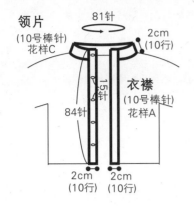

领片
(10号棒针)
花样C

81针

2cm
(10行)

15针

衣襟
(10号棒针)
花样A

84针

2cm
(10行)

2cm
(10行)

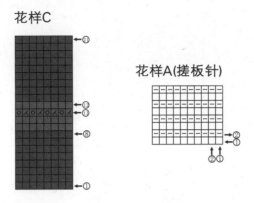

花样C

花样A(搓板针)

花样B

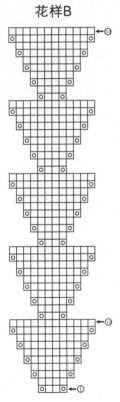

花样D

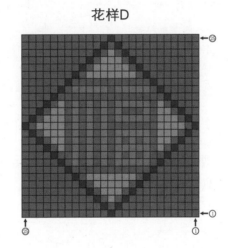

花样E

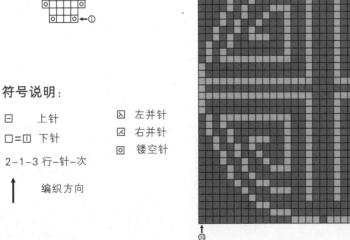

符号说明:

□　　上针

□=□　下针

2-1-3 行–针–次

↑　　编织方向

☒　左并针

☑　右并针

回　镂空针

79

一粒扣开衫

【成品规格】 衣长32cm，胸围56cm，袖长12cm

【工　　具】 3号棒针

【编织密度】 29针×40行=10cm²

【材　　料】 桃红色毛线250g，纽扣1枚

编织要点：

1.此衣为一片式编织，用3号棒针起94针，35针为花样A，59针为花样B，按花样图解编织15cm，此时前左片完成，59针停止编织，35针花样A处继续编织，编织14cm，为左袖片，35针与刚才停织的59针连起来编织，35针仍织花样A，59针仍织花样B，为后片，28cm后片完成。59针停织，35针仍继续，编织右袖片14cm，再与59针连起来编织前右片15cm。前左右两片按照图解对称编织。

2.钉上纽扣。

3.清洗整理。

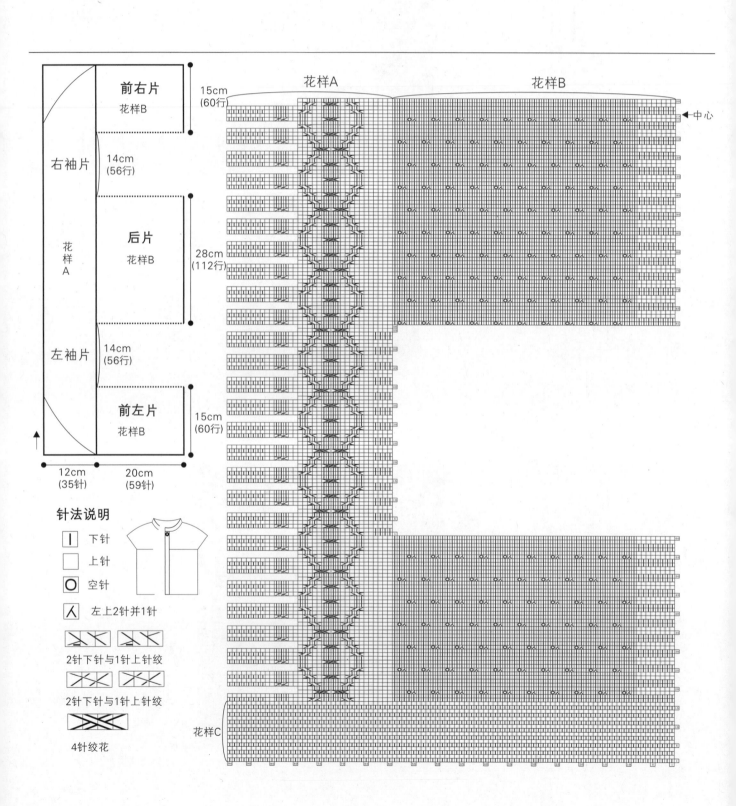

前右片
花样B

右袖片 14cm
(56行)

花样A

后片
花样B

15cm
(60行)

28cm
(112行)

左袖片 14cm
(56行)

前左片
花样B

15cm
(60行)

12cm
(35针)

20cm
(59针)

15cm
(60行)

花样A

花样B

中心

花样C

针法说明

| 下针
□ 上针
O 空针
人 左上2针并1针

2针下针与1针上针绞

2针下针与1针上针绞

4针绞花

创意V领装

【成品规格】 衣长36cm，胸宽37cm，肩宽28cm，袖长31cm

【工　　具】 10号棒针

【编织密度】 31针×46行=10cm²

【材　　料】 橙色毛线600g

编织要点:

1.棒针编织法。

2.后片的织法。单罗纹起针法起114针，织18行花样A、76行花样B，后在两边按平收5针、2-1-7各收掉12针，花样B织够144行后在中间平收40针，分两片编织。先织右片，在左边按2-1-2收2针，剩23针平针边。同样方法织另一片。

3.前片的织法。分左前片和右前片两片编织。先织左前片，单罗纹起针法起114针，织18行花样A、24行花样B，后在右边按平2-3-12、2-2-10、2-1-10、4-1-13、8行平坦收掉79针。与此同时在花样B织够76行后在左边按平收5针、2-1-7收12针。剩23针平针边。同样方法织右前片。

4.袖片的织法。单罗纹起针法起66针，织18行花样A、96行花样B(同时在两边按10-1-9、6行平坦各加9针)，后在两边按平收5针、1-1-28各收掉33针，剩18针平针边。同样方法织另一袖片。

5.缝合一。先把织好的前片、后片的肩部缝合在起。

6.领襟的织法。如图示沿缝合好的领襟边挑356针（左右领襟各148针，后领60针），织10行花样A，单罗纹法锁边。

7.缝合二。织好领襟后再把袖片和未缝完的前后片缝到一起。

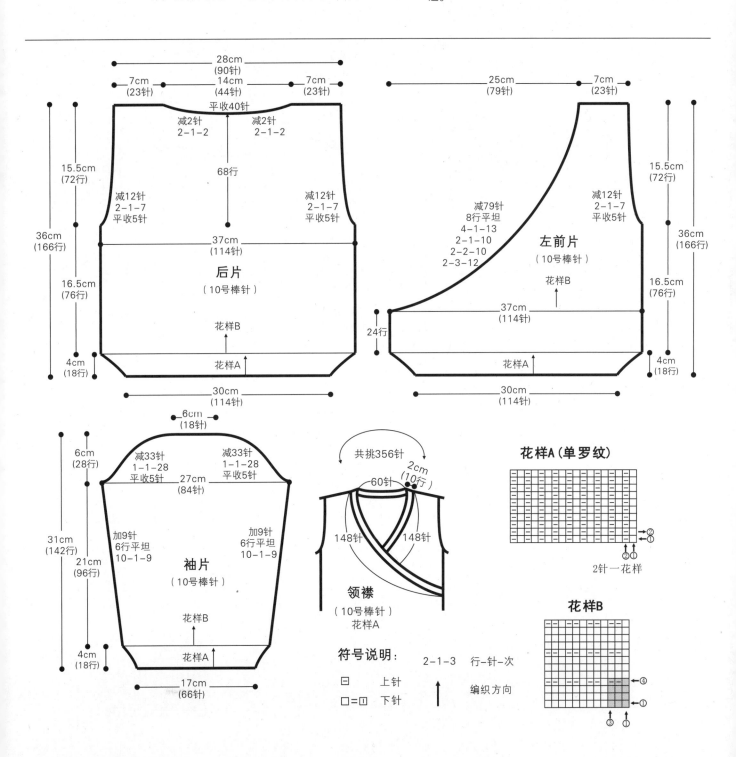

后片（10号棒针）

28cm（90针）
7cm（23针）　14cm（44针）　7cm（23针）
平收40针
减2针 2-1-2　减2针 2-1-2
68行
15.5cm（72行）
减12针 2-1-7 平收5针　减12针 2-1-7 平收5针
36cm（166行）
37cm（114针）
16.5cm（76行）
花样B
4cm（18行）
花样A
30cm（114针）

左前片（10号棒针）

25cm（79针）　7cm（23针）
减79针 8行平坦 4-1-13 2-1-10 2-2-10 2-3-12
减12针 2-1-7 平收5针
15.5cm（72行）
花样B
36cm（166行）
37cm（114针）
16.5cm（76行）
24行
花样A
4cm（18行）
30cm（114针）

袖片（10号棒针）

6cm（18针）
6cm（28行）
减33针 1-1-28 平收5针　27cm（84针）　减33针 1-1-28 平收5针
31cm（142行）
加9针 6行平坦 10-1-9　加9针 6行平坦 10-1-9
21cm（96行）
花样B
4cm（18行）
花样A
17cm（66针）

领襟（10号棒针）花样A

共挑356针
2cm（10行）
60针
148针　148针

符号说明:
□　上针
□=□　下针

2-1-3　行-针-次
↑　编织方向

花样A（单罗纹）

②①
②①
2针一花样

花样B
④
①
③①

橘色套头装

【成品规格】 衣长40cm，下摆宽35cm，肩宽28cm，袖长33cm
【工　　具】 10号棒针
【编织密度】 30针×44行=10cm²
【材　　料】 橘色羊毛线400g

编织要点:

1. 毛衣用棒针编织，由1片前片、1片后片、2片袖片组成，从下往上编织。
2. 先编织前片。(1) 用下针起针法起104针，编织18行单罗纹后，改织花样A，并分散加8针，此时针数为112针，侧缝不用加减针，织88行至袖窿。(2) 袖窿以上的编织。两边袖窿平收6针后减针，方法是每2行减1针减8次，各减8针，余下针数不加不减织54行至肩部。(3) 同时从袖窿算起织至40行时，开始开领窝，中间平收

24针，然后两边减针，方法是每2行减1针减6次，各减6针，不加不减织18行至肩部余24针。
3. 编织后片。(1) 用下针起针法起104针，编织18行单罗纹后，改织花样A，并分散加8针，此时针数为112针，侧缝不用加减针，织88行至袖窿。(2) 袖窿以上的编织。两边袖窿平收6针后减针，方法是每2行减1针减8次，各减8针，余下针数不加不减织54行。(3) 同时从袖窿算起织至62行时，开始开领窝，中间平收28针，然后两边减针，方法是每2行减1针减4次，织至肩部余24针。
4. 袖片编织。用下针起针法，起48针，织18行单罗纹后，改织花样A，袖下加针，方法是每4行加1针加22次，织至102行时，袖山两边平收6针后减针，方法是每2行减3针减6次，每2行减2针减5次，每2行减1针减2次，至顶部余14针。
5. 缝合。将前片的侧缝与后片的侧缝对应缝合。前片的肩部与后片的肩部缝合，两边袖片的袖下缝合后，分别与衣片的袖边缝合。
6. 领片编织。领圈边挑130针，圈织18行单罗纹，形成圆领。毛衣编织完成。

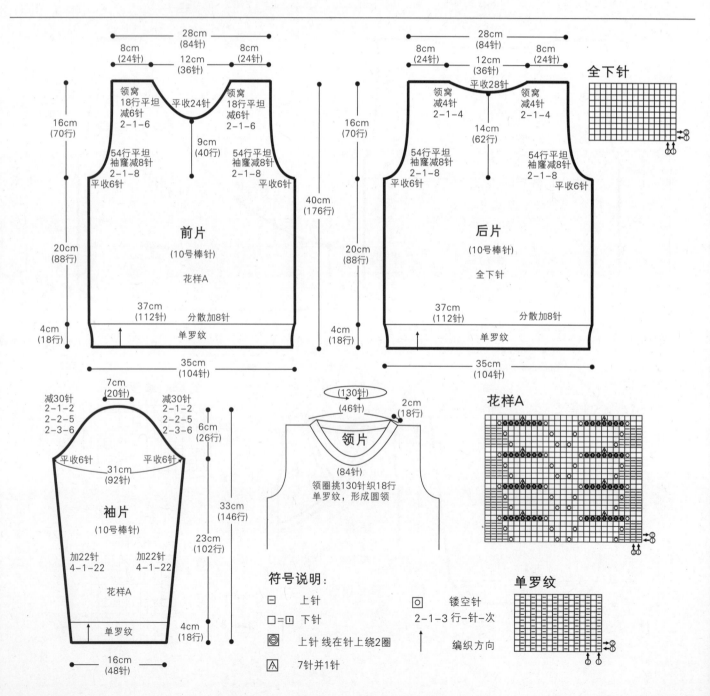

符号说明:

□　上针
□=□　下针
◎　上针 线在针上绕2圈
◎　镂空针 2-1-3 行-针-次
Ⓐ　7针并1针
↑　编织方向

简约小开衫

【成品规格】 衣长29cm，下摆宽30cm，连肩袖长32cm

【工　　具】 10号棒针，绣花针

【编织密度】 30针×42行=10cm²

【材　　料】 枣红色羊毛线400g，灰色、白色线少许，纽扣6枚

编织要点:

1.毛衣用棒针编织，由2片前片、1片后片、2片袖片组成，从下往上编织。

2.先编织前片。(1)左前片。用下针起针法，起42针，织12行单罗纹后，改织全下针，侧缝不用加减针，织58行至插肩袖窿。(2)袖窿以上的编织。袖窿平收6针

后，减24针，方法是每2行减1减24次。(3)同时从插肩袖窿算起，织至38行时，开始领窝减12针，方法是每2行减2针减6次，织至肩部全部针数收完。同样方法编织右前片。

3.编织后片。(1)用下针起针法，起90针，织12行单罗纹后，改织全下针，侧缝不用加减针，织58行至插肩袖窿。(2)袖窿以上的编织。两边袖窿平收6针后减24针，方法是每2行减1针减24次。领窝不用减针，余30针。

4.编织袖片。用下针起针法，起48针，织8行单罗纹后，改织全下针，两边袖下加针，方法是每8行加1针加8次，织至76行时，两边平收4针，开始插肩减针，方法是每2行减1针减24次，至肩部余20针，同样方法编织另一袖片。

5.缝合。将前片的侧缝与后片的侧缝对应缝合。袖片的袖下分别缝合，袖片的插肩部与衣片的插肩部缝合。

6.门襟挑84针，织8行单罗纹，左边均匀开纽扣眼。

7.领圈边挑94针，织8行单罗纹，形成开襟圆领。

8.装饰缝上纽扣，用十字绣法绣上前后片的图案，毛衣编织完成。

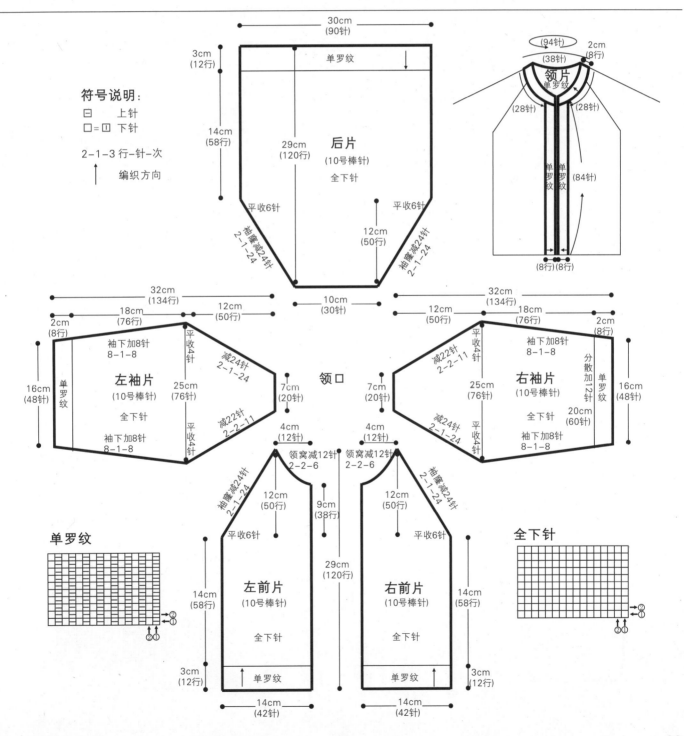

符号说明:

□　上针
□=□ 下针

2-1-3 行-针-次

↑ 编织方向

清新小开衫

【成品规格】 衣长34cm，下摆宽28cm，袖长30cm

【工　具】 10号棒针，缝衣针

【编织密度】 28针×38行=10cm²

【材　料】 浅黄色羊毛线400g，纽扣4枚，刺绣图案1枚

编织要点:

1. 毛衣用棒针编织，由2片前片、1片后片、2片袖片组成，从下往上编织。

2. 先编织前片。分右前片和左前片编织。(1) 右前片用下针起针法起36针，织4行花样B后，改织22行花样A，再改织全下针，侧缝不用加减针，织至60行至袖隆。(2) 袖隆以上的编织。右侧袖隆平收5针后减针，方法是每织2行减1针减4次，共减4针。(3) 从袖隆算起织至22行时，开始开领窝，先平收6针，然后领窝减针，方法是每2行减1针减6次，每4行减1针减1次，平织4行至肩部

余14针。(4) 相同的方法，相反的方向编织左前片。

3. 编织后片。(1) 用下针起针法，起78针，织4行花样B后，改织22行花样A，再改织全下针，侧缝不用加减针，织60行至袖隆。(2)袖隆以上编织。袖隆开始减针，方法与前片袖隆一样。

(3) 织至从袖隆算起38行时，开后领窝，中间平收28针，两边各减2针，方法是每2行减1针减2次，织至两边肩部余14针。

4. 编织袖片。从袖口织起，用下针起针法，起58针，织16行花样B后，改织全下针，袖侧缝加5针，方法是每12行加1针加5次，编织60行至袖隆。开始两边平收5针，袖山减针，方法是两边分别每2行减1针减19次，编织完38行后余30针，收针断线。同样方法编织另一袖片。

5. 缝合。将前片的侧缝与后片的侧缝对应缝合，前后片的肩部对应缝合，再将两袖片的袖山边线与衣身的袖隆边对应缝合。

6. 领子编织。领圈边挑86针，织12行花样B，形成开襟圆领。

7. 门襟编织。挑82针，织12行花样B。做门襟均匀地开纽扣眼。

8. 用缝衣针缝上纽扣和刺绣图案，衣服编织完成。

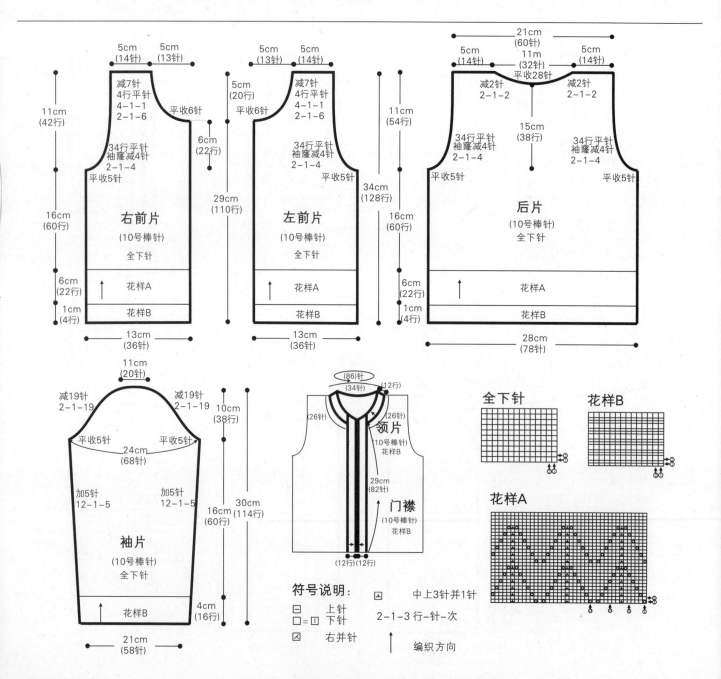

韩式中袖装

【成品规格】 衣长25cm，半胸围34cm，肩宽34cm，袖长12cm

【工　　具】 13号棒针

【编织密度】 28.8针×42.4行=10cm²

【材　　料】 黄色棉线400g

编织要点:

1.棒针编织法，衣身分为前片和后片分别编织。
2.起织后片，从织片左侧往右编织，起72针织花样B，织32行后，第33行左侧按2-1-3的方法后领减针，减针后平织68行，再按2-1-3的方法加针，织至112行，不加减针编织，后片共织144行，收针断线。

3.起织前片，从织片右侧往左编织，起72针织花样B，织32行后，第33行右侧按2-1-6的方法前领减针，减针后平织56行，再按2-1-6的方法加针，织至112行，不加减针编织，前片共织144行，收针断线。
4.将两侧缝从衣摆往上缝合11cm的高度，两肩部对应缝合。

袖片制作说明:
1.棒针编织法，袖片从袖口往上织，起80针织花样A，织10行后改织花样B，织至50行，收针断线。
2.将袖底侧缝缝合，再将袖山头与衣身袖隆对应缝合。

领片/衣摆制作说明:
1.棒针编织法，衣领挑起128针织下针，织4行后织1行上针，再织4行下针后，与起针合并成双层机织领。
沿机织领边沿挑起128针织花样A，织8行后收针。
2.棒针编织下摆，沿衣摆挑起196针环形编织，织花样A，织22行后，收针断线。

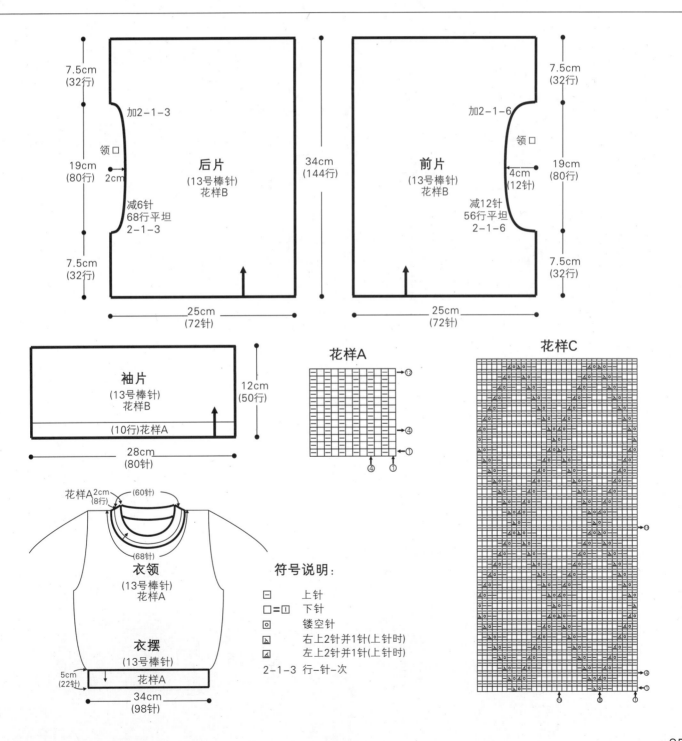

娃娃领长袖装

【成品规格】 衣长39cm，下摆宽38cm，袖长32cm

【工　　具】 10号棒针，缝衣针

【编织密度】 30针×46行=10cm²

【材　　料】 浅黄色羊毛线各400g，纽扣2枚

编织要点：

1. 毛衣用棒针编织，由1片前片、1片后片、2片袖片组成，从下往上编织。

2. 先编织前片。(1) 用下针起针法起116针，编织24行双罗纹后，改织花样A，侧缝不用加减针，织92行至袖隆，并分散减26针。(2) 袖隆以上的编织。改织全下针，两边袖隆分别平收5针后减针，方法是每2行减1针减6次，余下针数不加不减织52行至肩部。(3) 同时织至袖隆算起14行时，在中间留8针织花样C，作为门襟，然后分左右两片编织，左片38针，右片在中间8针门襟的后面挑8针共38针，分别织至28行，两边门襟的8针留针待用，并进行领窝减针，方法是每2行减2针减7次，各减14针，至肩部余16针。

3. 编织后片。(1) 袖隆和袖隆以下编织方法与前片袖隆一样。(2) 同时织至袖隆算起58行时，开后领窝，中间平收30针，两边领窝减针，方法是每2行减1针减3次，织至两边肩部余16针。

4. 袖片编织。用下针起针法，起60针，织20行双罗纹后，改织花样A，袖下加针，方法是每12行加1针加6次，织至82行时，两边平收5针后，开始袖山减针，方法是每2行减1针减20次。至顶部余22针。

5. 缝合。将前片的侧缝与后片的侧缝对应缝合。前片的肩部与后片的肩部缝合，两边袖片的袖下缝合后，分别与衣片的袖边缝合。

6. 领片编织。领圈边挑90针，(包括门襟两边待用的8针)，织24行花样B，形成翻领。

7. 用缝衣针缝上纽扣，毛衣编织完成。

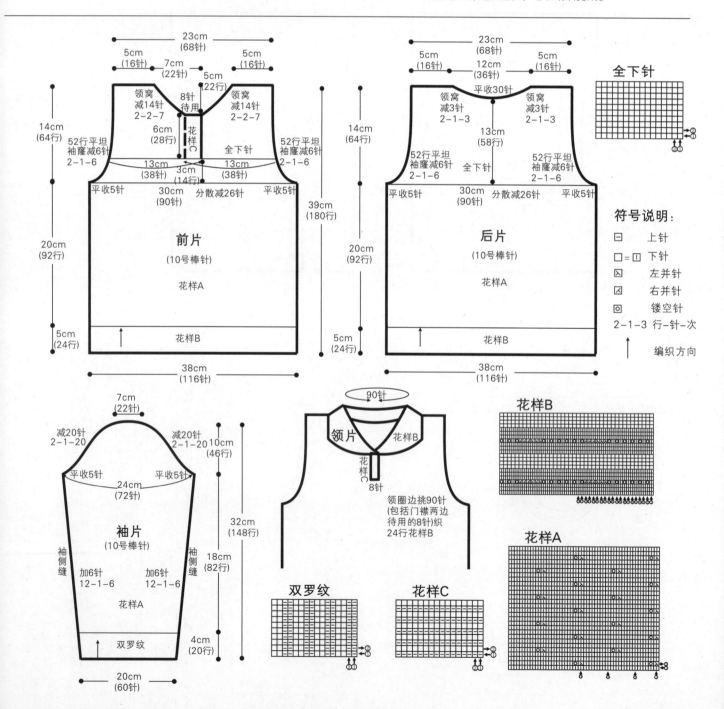

水果图案毛衣

【成品规格】 衣长32cm，下摆宽32cm，肩宽24cm，袖29cm
【工　　具】 10号棒针，缝衣针
【编织密度】 20针×30行=10cm²
【材　　料】 白色羊毛线400g，红色线少许1根

编织要点：

1. 毛衣用棒针编织，由1片前片、1片后片、2片袖片组成，从下往上编织。
2. 先编织前片。(1) 用下针起针法起70针，编织12行单罗纹后，改织全下针，并编入图案，侧缝不用加减针，织42行至袖窿。(2) 袖窿以上的编织。两边袖窿平收4针后减针，方法是每2行减2针减2次，各减4针，不加不减织48行至肩部。(3) 同时织至袖窿算起32行时，开始开领窝，中间平收18针，然后两边减针，方法是每2行减1针减6次，各减6针，至肩部余11针。
3. 编织后片。(1) 用下针起针法起70针，编织12行单罗纹后，改织全下针，侧缝不用加减针，织42行至袖窿。(2) 袖窿以上的编织。两边袖窿平收4针后减针，方法是每2行减2针减2次，各减4针，不加不减织48行至肩部。(3) 同时织至从袖窿算起44行时，开始开领窝，中间平收26针，然后两边减针，方法是每2行减1针减2次，至肩部余11针。
4. 袖片编织。用下针起针法起44针，织12行单罗纹后，改织全下针，袖下加针，方法是每6行加1针加8次，织至58行时，两边平收4针，开始袖山减针，方法是每2行减2针减5次每2行减1针减5次，至顶部余20针。
5. 缝合。将前片的侧缝与后片的侧缝对应缝合。前片的肩部与后片的肩部缝合，两边袖片的袖下缝合后，分别与衣片的袖边缝合。
6. 领片编织。领圈边挑98针，圈织8行单罗纹，形成圆领。毛衣编织完成。

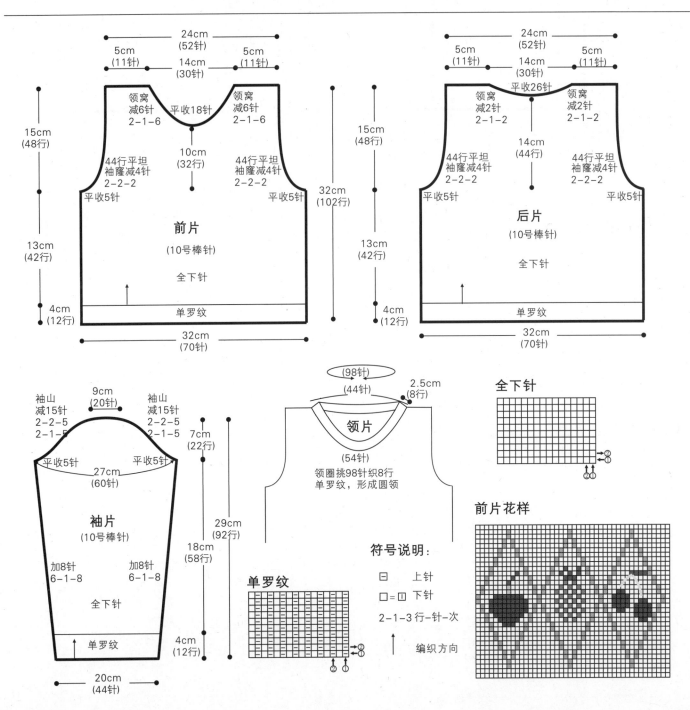

前片
（10号棒针）
全下针
单罗纹

24cm（52针）
5cm（11针）　14cm（30针）　5cm（11针）
领窝减6针 2-1-6　平收18针　领窝减6针 2-1-6
10cm（32行）
44行平坦袖窿减4针 2-2-2
平收5针　平收5针
15cm（48行）
13cm（42行）
4cm（12行）
32cm（70针）

后片
（10号棒针）
全下针
单罗纹

24cm（52针）
5cm（11针）　14cm（30针）　5cm（11针）
平收26针
领窝减2针 2-1-2　领窝减2针 2-1-2
14cm（44行）
44行平坦袖窿减4针 2-2-2
平收5针　平收5针
32cm（102行）
15cm（48行）
13cm（42行）
4cm（12行）
32cm（70针）

袖片
（10号棒针）
全下针
单罗纹

9cm（20针）
袖山减15针 2-2-5 2-1-5　袖山减15针 2-2-5 2-1-5
平收5针　平收5针
27cm（60针）
加8针 6-1-8　加8针 6-1-8
7cm（22行）
29cm（92行）
18cm（58行）
4cm（12行）
20cm（44针）

领片
（98针）
（44针）
2.5cm（8行）
（54针）
领圈挑98针织8行单罗纹，形成圆领

全下针

符号说明：
□　上针
□=□　下针
2-1-3 行-针-次

↑ 编织方向

单罗纹

前片花样

精致背心装

【成品规格】 衣长30cm，下摆宽31cm

【工 具】 10号棒针，缝衣针

【编织密度】 22针×30行=10cm²

【材 料】 黄色羊毛线400g

编织要点：

1. 毛衣用棒针编织，由1片前片、1片后片，从下往上编

织。

2. 先编织前片。(1) 用下针起针法起68针，先织12行单罗纹后，改织花样A，侧缝不用加减针，织58行至袖隆。(2) 袖隆以上的编织。织片两边袖隆平收4针后减针，方法是每4行减2针减4次，共减8针，余下针数不加不减织4行至顶部余44针。

3. 编织后片。后片编织方法与前片一样。

4. 缝合。将前片的侧缝与后片的侧缝对应缝合。

5. 两边袖口挑50针，织6行单罗纹。然后前后片领边分别挑68针，织6行单罗纹。

6. 两片肩带另织，起18针，织60行单罗纹，分别缝合于前后片的边缘。毛衣编织完成。

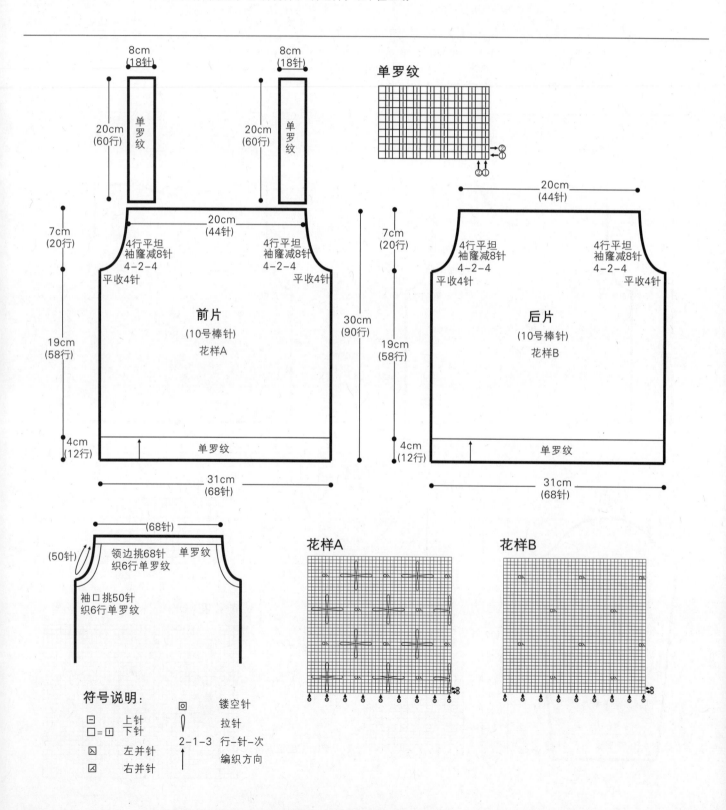

简约打底毛衣

【成品规格】 衣长31cm，胸宽32cm，肩宽24cm，袖长24.5cm

【工 具】 10号棒针

【编织密度】 26针×37行=10cm²

【材 料】 橘红色绒毛线600g

编织要点:

1.棒针编织法。
2.后片的织法。单罗纹起针法起80针，织10行花样A、54行花样B（织第1行花样B时分散加4针，针数变为84针），后在两边按平收4针、2-1-6方法各收掉10针。花样B织够92行后在中间平收28针，分两片纺织。先织右片，在左边按2-1-2收掉2针，这时剩16针，换

织10行花样A（换织花样A的第1行分散加6针，这时针数变为22针），单罗纹法锁边。同样方法织另一片。
3.前片的织法。单罗纹起针法起80针，织10行花样A、54行花样B（织第1行花样B时分散加4针，针数变为84针），后在两边按平收4针、2-1-6方法各收掉10针。花样B织够84行后在中间平收12针，分两片纺织。先织右片，在左边按2-2-5、2行平坦方法收掉10针，这时剩16针，换织10行花样A（换织花样A的第1行分散加6针，这时针数变为22针），单罗纹法锁边。同样方法织另一片。
4.袖片的织法。单罗纹起针法起18针，织10行花样A，再换织花样B，同时在两边按4-1-12、12行平坦方法各加12针，后在两边按平收4针、2-1-12各收掉16针，这时剩40针平针锁边。同样方法织另一片。
5.缝合。把织好的前片、后片、袖片缝合好。
6.领片的织法。前领片和后领片分开织。前领片，沿前领窝挑56针织6行花样A。后领片，沿后领窝挑46针织6行花样A。

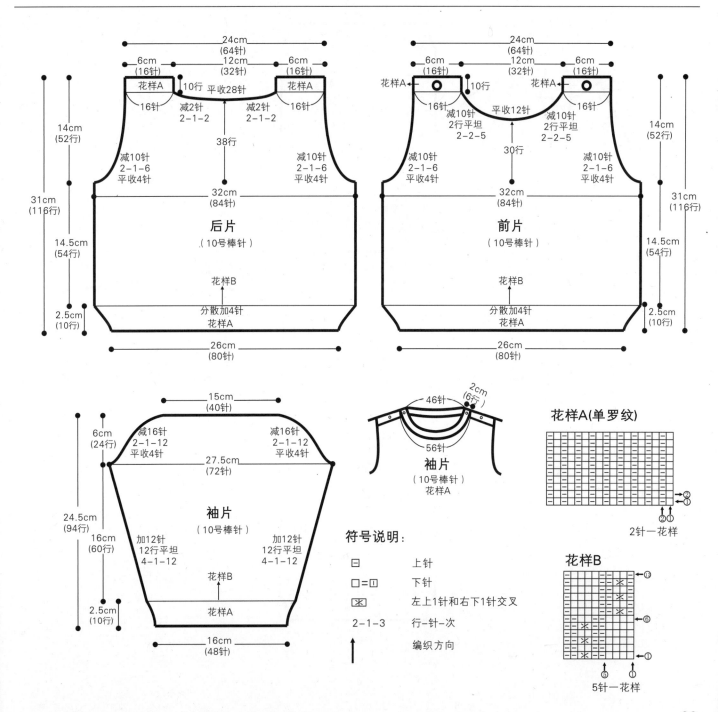

符号说明:

符号	说明
$\square$	上针
$\square=\square$	下针
⊠	左上1针和右下1针交叉
2-1-3	行-针-次
↑	编织方向

帅气翻领毛衣

【成品规格】 衣长48cm，胸宽36cm，袖长50cm

【工 具】 10号棒针

【编织密度】 27.5针×34.3行=10cm²

【材 料】 蓝白色花毛线500g

编织要点:

1.棒针编织法。

2.后片的织法。单罗纹起针法起99针，织20行花样A、80行花样B，后开始按平收4针、2-1-32在两边各收掉36针，最后剩27针，平针锁边。

3.前片的织法。单罗纹起针法起99针，织20行花样A、80行花样B，下一行将织片分成两半，选中间9针收针。先织左片，左侧袖窿减针，收针4针，然后2-1-29，袖窿减少33针，前开襟织成52行高后，下一行收针6针，1-1-4，与袖窿减针同步进行，直至余下1针，另一半的织法相同。

4.袖片的织法。单罗纹起针法起48针，织20行花样A，后开始按平10行、4-1-20方法两边各加20针，然后开始在两边按平收4针、2-1-32各收掉36针，最后剩16针，平针锁边。

5.缝合。用缝衣针把前片、后处、袖片缝合到一起。

6.小门襟织法。沿小门襟边挑44针织10行花样A，单罗纹锁边，在右侧门襟第14针留一扣眼，共织3个扣眼然后用同样方法挑另一边，底端用针缝合。

7.领片的织法。沿领边挑96针(左右肩各挑24针，前领窝挑48针)，织38行花样A，单罗纹锁边。

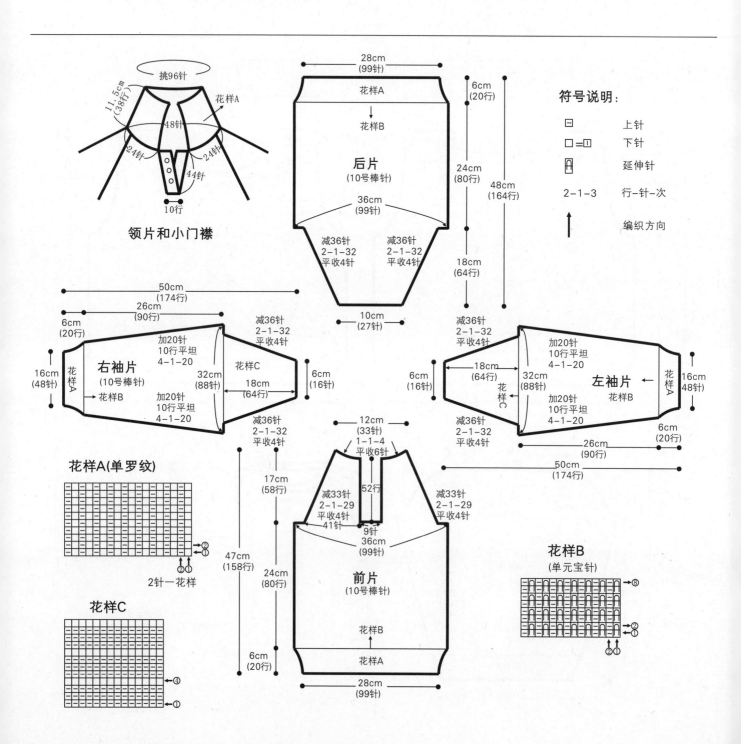

符号说明:

符号	说明
曰	上针
口=丨	下针
凶	延伸针
2-1-3	行-针-次
↑	编织方向

领片和小门襟

后片
(10号棒针)

右袖片
(10号棒针)

左袖片

前片
(10号棒针)

花样A(单罗纹)

2针一花样

花样C

花样B
(单元宝针)

配色圆领毛衣

【成品规格】 胸围30cm，衣长42cm，袖长40cm

【工　　具】 0号、1号棒针

【编织密度】 30针×40行=10cm²

【材　　料】 蓝色毛线400g，白色毛线100g

编织要点：

1.前片用0号棒针、蓝色线起90针，从下往上织单罗纹6cm，换1号棒针按照图解蓝白换线编织，编织19cm后开斜肩，斜肩、领部按图解编织。

2.后片起针同前片，全用蓝色线织下针。

3.衣袖起44针，挂肩减针等按图解编织，袖山按图解换线编织。

4.前后片、衣袖缝合后，按图解挑领织单罗纹。

5.清洗、熨烫。

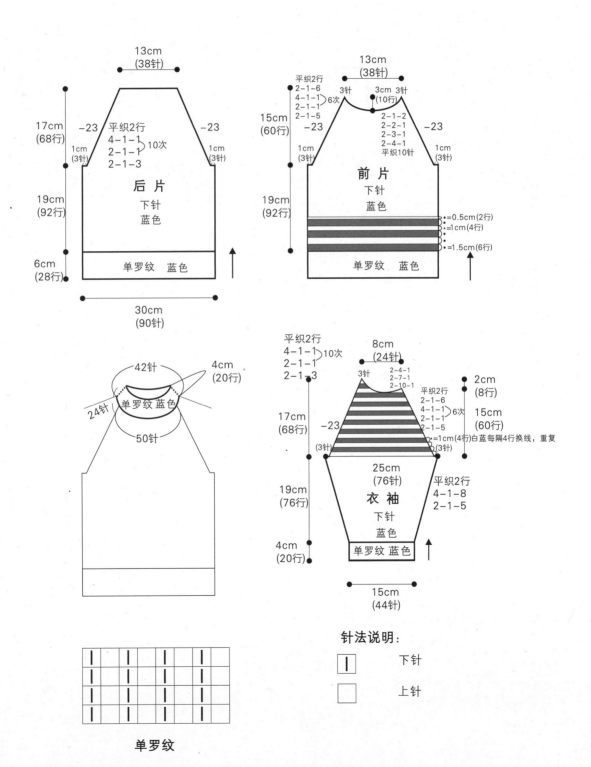

针法说明：

I	下针
（空）	上针

单罗纹

时尚背心裙

【成品规格】 衣长56cm，下摆宽50cm，肩宽23cm

【工　具】 10号棒针

【编织密度】 全下针：26针×36行=10cm²
花样：26针×36行=10cm²

【材　料】 天蓝色羊毛线400g，毛线花边若干，动物装饰件1个

编织要点:

1. 毛衣用棒针编织，由1片前片、1片后片，从下往上编织。

2. 先编织前片。(1) 用下针起针法起130针，先织8行全下针，对褶缝合，形成双层平针底边，继续编织全下针，侧缝减8针，方法是每16行减1针减8次，织130行时改织花样A，并分散减8针，此时针数为106针，继续编织14行至袖窿。(2) 袖窿以上的编织。织片两边袖窿减14针，方法是每2行减2减7次，余下针数不加不减织44行至肩部。(3) 同时从袖窿算起织至22行时，开始开领窝，中间平收38针，然后不加不减织36行至肩部余20针。

3. 编织后片。后片编织方法与前片一样。

4. 缝合。将前片的侧缝与后片的侧缝对应缝合。前片的肩部与后片的肩部缝合。

5. 两片口袋另织，起34针，织32行花样A，再改织4行单罗纹。毛衣编织完成。

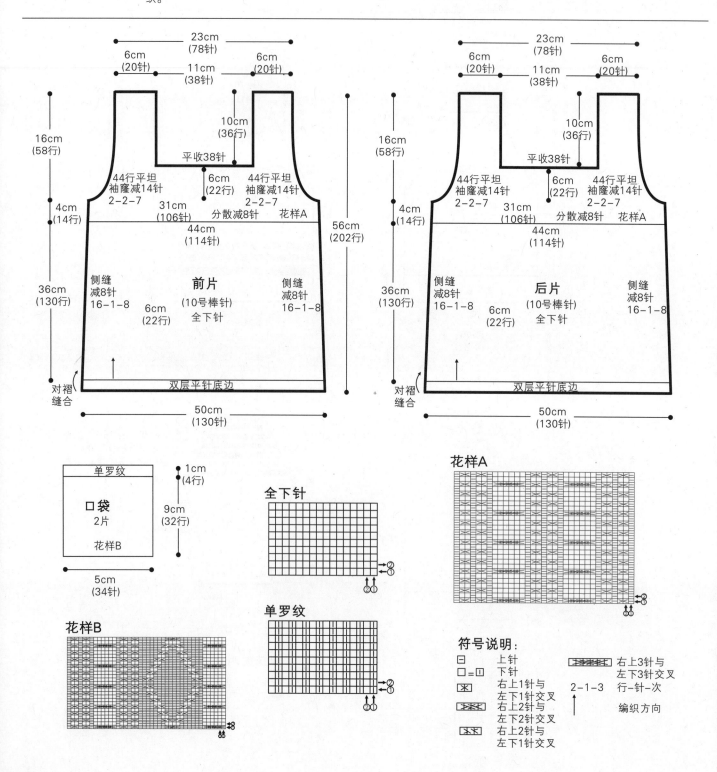

天蓝色长袖装

【成品规格】 衣长38cm，胸围60cm，肩宽23cm
衣袖30cm

【工　　具】 1号棒针

【编织密度】 26针×38行＝10cm²

【材　　料】 蓝色线450g

编织要点：

1.前片用1号棒针起78针，从下往上织下针4cm，织一行花样B，再织4cm下针，织10cm花样A。再织9cm下针后开挂肩，开挂7cm后，开始编织单罗纹，按图解收挂、收领子。

2.后片织法同前片，后领按后片图解编织。

3.袖片用1号棒针起36针，从下往上织下针4cm后，织一行花样B，再织4cm下针，织10cm花样A。6cm下针后收袖山，两边放针和收袖山按图解。

4.前后片、袖片缝合，衣边和袖口缝成双层。按图解挑领口，织单罗纹缝成双层。

5.清洗整理。

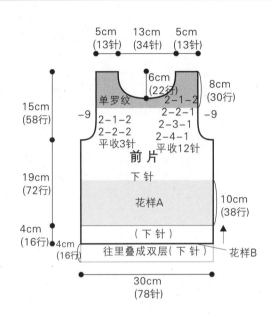

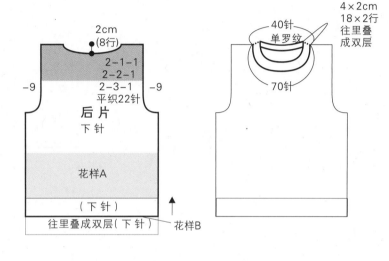

25针38行1花样

花样A

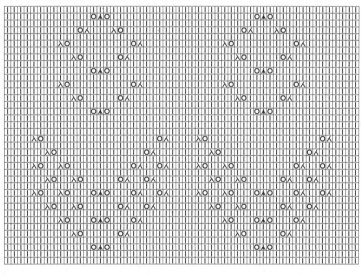

针法说明

	下针
	上针
O	空针
人 入	2针并1针
人	中上3并1针

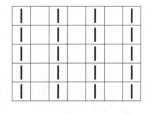

花样B

单罗纹

简约短袖装

【成品规格】 胸围58cm，衣长30cm，袖长13cm

【工 具】 1号棒针，4号钩针

【编织密度】 24针×38行=10cm²

【材 料】 蓝色毛线250g

编织要点:

1.前片用1号棒针起35针，从下往上编织，28针织花样A，7针织花样B，织17cm后开斜肩，花样A改织花样B，剩14针平收，斜肩收针按图解。

2.后片起70针，织法同前片。

3.衣袖起78针，织2行后两边平收2针，按图解收袖山。

4.前后片、衣袖缝合后，用4号钩针按图解编织前胸系带，把前左右两片系住。

5.清洗，熨烫。

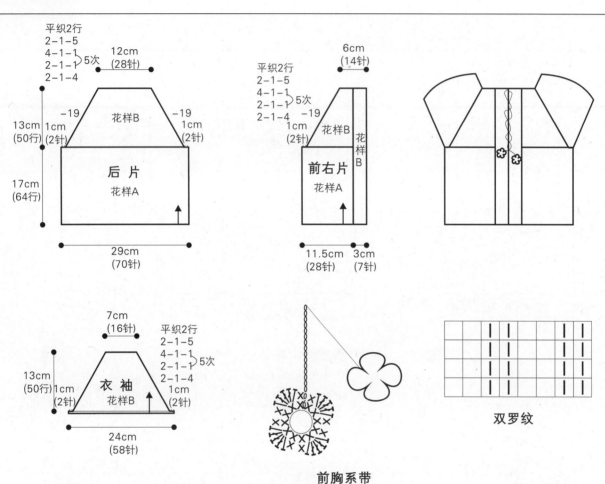

平织2行
2-1-5
4-1-1 } 5次
2-1-1
2-1-4

12cm (28针)

−19 花样B −19
13cm 1cm   1cm
(50行)(2针)   (2针)

后 片
花样A

17cm (64行)

29cm (70针)

平织2行
2-1-5
4-1-1 } 5次
2-1-1
2-1-4

6cm (14针)

−19
1cm(2针) 花样B 花样B

前右片
花样A

11.5cm (28针) 3cm (7针)

7cm (16针)

平织2行
2-1-5
4-1-1 } 5次
2-1-1
2-1-4

−19
13cm 1cm   1cm
(50行)(2针)   (2针)

衣 袖
花样B

24cm (58针)

前胸系带

双罗纹

针法说明

∣	下针	·	引拨针
□	上针	○	辫子针
Ｏ	空针	X	短针
人 入	2针并1针	⊤	中长针
木	中上3并1针	串	长针

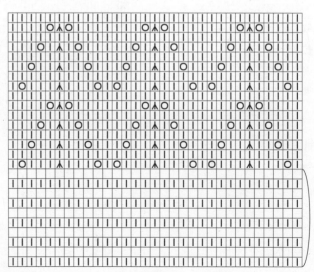

花样B

花样A

时尚休闲套头衫

【成品规格】 衣长40cm，胸围72cm，肩宽31cm
　　　　　　 袖长25cm
【工　具】 0号、1号棒针
【编织密度】 26针×38行=10cm²
【材　料】 蓝色线550g

编织要点：

1.前片用0号棒针起94针，从下往上织单罗纹6cm，换1号棒针织花样A17.5cm后开挂肩，按图解收挂、收领子。
2.后片起边与前片同，换1号棒针织下针，后领按前片图解编织。
3.袖片用0号棒针起36针，织4cm单罗纹，按图解放针，织够21cm后平收。
4.前后片、袖片缝合，按图解挑领边，编织4cm单罗纹。
5.清洗整理。

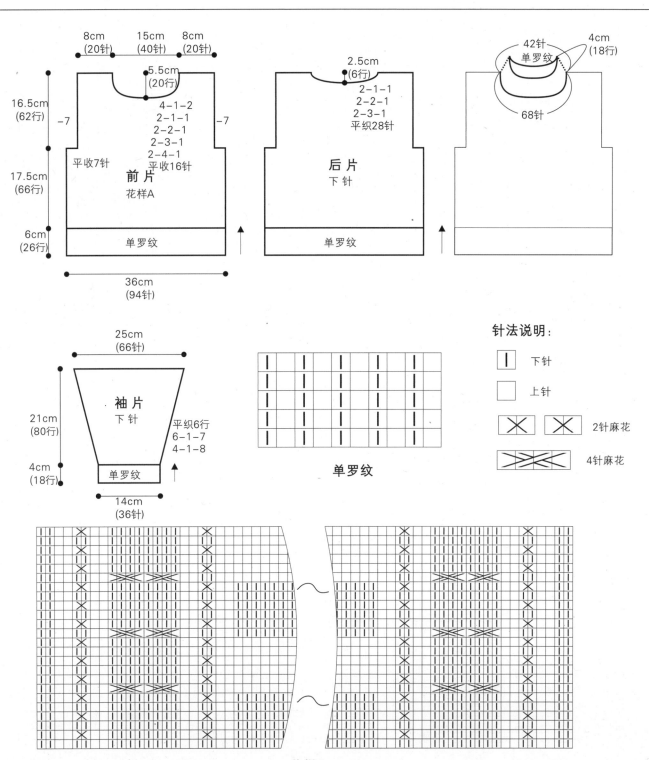

8cm (20针)　15cm (40针)　8cm (20针)

5.5cm (20行)

16.5cm (62行)　−7　　−7

4-1-2
2-1-1
2-2-1
2-3-1
2-4-1

17.5cm (66行)

平收7针　　平织16针

前 片
花样A

6cm (26行)　单罗纹

36cm (94针)

2.5cm (6行)

2-1-1
2-2-1
2-3-1
平织28针

后 片
下 针

单罗纹

42针 单罗纹　　4cm (18行)

68针

25cm (66针)

袖 片
下 针

21cm (80行)

平织6行
6-1-7
4-1-8

4cm (18行)　单罗纹

14cm (36针)

单罗纹

针法说明：

｜ 下针
□ 上针
✕ / ✕ 2针麻花
✕✕ 4针麻花

花样A

95

黑白猪图案毛衣

【成品规格】　衣长42cm，下摆宽34cm，袖长37cm

【工　　具】　10号棒针，缝衣针

【编织密度】　36针×44行＝10cm²

【材　　料】　绿色羊毛线400g，白色等线少许，纽扣5枚，黑色线少许

编织要点：

1. 毛衣用棒针编织，由2片前片、1片后片、2片袖片组成，从上往下编织。

2. 先织肩部环形部分，从领口织起。领口用下针起针法起130针，圈织12组花样A，按花样A加针，织完74行花样A后，总数为414针，环形部分完成。

3. 开始分出2片前片、1片后片和2片袖片。(1) 前片编织。分左前片和右前片编织。左前片分出58针，在袖窿处加4针为62针，编织全下针，侧缝不用加减针，织至110行时，收针断线。同样方法，反方向编织右前片。(2) 后片编织分出114针，在两边袖窿处各加4针为122针，编织全下针，侧缝不用加减针，织至110行时，收针断线。(3) 袖片编织。左袖片分出92针，两边各加4针为100针，编织全下针，袖下减针，方法是每12行减1针减6次，织至72行时，改织8行花样B，收针断线。同样方法编织右袖片。

4. 缝合。将两前片的侧缝和后片的侧缝缝合。两袖片的袖下分别缝合。

5. 前后片的下摆至两边门襟并挑568针，织14行花样B。

6. 领圈边挑102针，织28行花样C，形成翻领。

7. 用缝衣针绣上前后片的图案和缝上纽扣。毛衣编织完成。

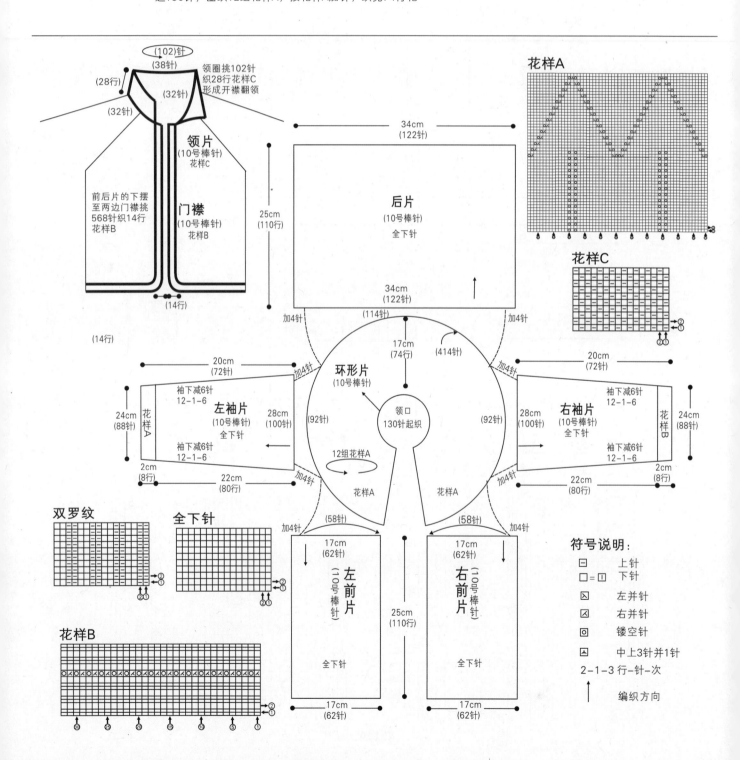

休闲连帽无袖装

【成品规格】 衣长51cm，下摆宽31cm

【工　　具】 10号棒针

【编织密度】 16针×20行=10cm²

【材　　料】 白色羊毛线400g

编织要点:

1. 毛衣用棒针编织，由2片前片、1片后片组成，从下往上编织。

2. 先编织前片。分右前片和左前片编织。(1) 右前片用下针起针法，起26针，按图从侧缝往门襟排列花样编织，依次为8针花样B，13针花样A，5针花样B，侧缝减2针，方法是每36行减1针减2次，织74行至袖窿。(2) 袖窿以上的编织，右侧袖窿减2针，方法是每织2行减1针减2次，不加不减织30行。(3) 从袖窿算起织至22行时，门襟平收5针，并开始开领窝，领窝减7针，方法是每2行减2针减3次，每2行减1针减1次，至肩部余10针。(4) 相同的方法，相反的方向对称编织左前片。

3. 编织后片。(1) 用下针起针法，起50针，按图从左到右排列花样编织，依次为8针花样B，13针花样A，8针花样B，13针花样A，8针花样B，侧缝减2针，方法与前片侧缝一样，织74行至袖窿。(2) 袖窿以上编织，两边袖窿各减2针，方法与前片袖窿一样，不加不减织30行。(3)从袖窿算起织至30行时，中间平收18针后，开始领窝两边减针，方法是每2行减2针减2次，织至两边肩部余10针。

4. 缝合。将前片的侧缝与后片的侧缝对应缝合，前后片的肩部对应缝合。

5. 帽片编织。领圈边挑44针，按帽片花样排列编织，依次为5针花样B，13针花样A，8针花样B，13针花样A，5针花样B，织56行后，顶部A与B缝合，形成帽子。毛衣编织完成。

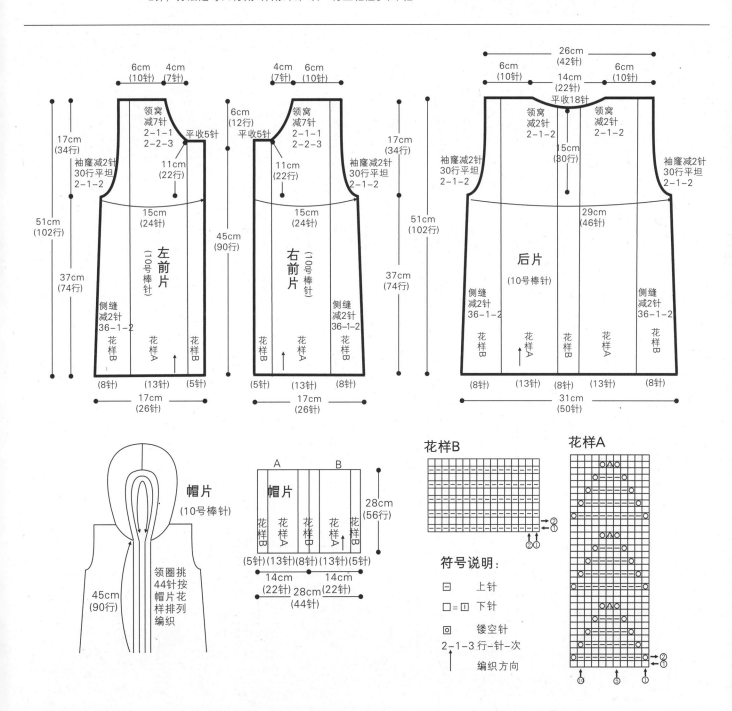

复古风小外套

【成品规格】 衣长38cm，胸宽38cm，袖长31cm

【工　　具】 10号棒针，钩针

【编织密度】 26针×38行=10cm²

【材　　料】 绿色羊毛线400g，墨绿色线少许，纽扣4枚

编织要点：

1. 毛衣用棒针编织，由2片前片、1片后片、2片袖片组成，从下往上编织。
2. 先编织前片。分右前片和左前片编织。(1) 右前片先用下针起针法，起48针，织花样A，侧缝不用加减针，织至84行时至袖窿。(2) 袖窿以上的编织。袖窿减针，方法是每2行减2针减4次，不加不减织52至肩部。(3) 从袖窿算起织至30行时，开始领窝减针，方法是每2行减2针减5次，每2行减1针减4次，织至肩部余20针。(4) 相同的方法，相反的方向编织左前片。
3. 编织后片。(1) 先用下针起针法，起98针，织花样A，侧缝不用加减针，织至84行时至袖窿。(2) 袖窿开始减针，方法与前片袖窿一样。(3) 织至袖窿算起56行时，开后领窝，中间平收38针，两边减针，方法是每2行减1针减2次，织至两边肩部余20针。
4. 编织袖片。(1) 从袖口织起，用下针起针法，起58针，织花样A，袖侧缝加针，方法是每16行加1针加5次，编织84行至袖窿。(2) 开始袖山减针，方法是每2行减1针减14次，每2行减2针减2次，编织完34行后余32针，收针断线。同样方法编织另一袖片。
5. 缝合。将前片的侧缝与后片的侧缝对应缝合，再将两袖片的袖山边线与衣身的袖窿边对应缝合。
6. 领子编织。领圈边挑104针，织34行花样B，收针断线，形成翻领。
7. 两边袖口和翻领边至两边门襟 下摆分别用钩针钩织1cm花边。缝上纽扣，毛衣编织完成。

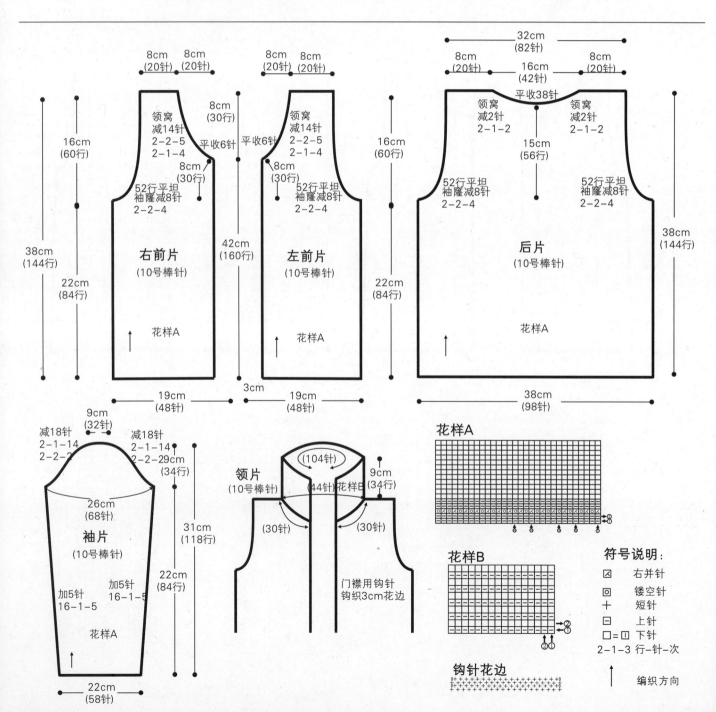

紫色公主套裙

【成品规格】	衣长20cm,下摆宽31cm
【工　　具】	10号棒针
【编织密度】	26针×44行=10cm²
【材　　料】	紫色羊毛线300g

编织要点:

1. 毛衣用棒针编织,从下往上圈织。
2. 下摆起织。用下针起针法起160针,圈织花样A,侧缝对应两边减针,方法是每8行减1针减10次,织至88行时,开始织双层褶边。
3. 继续编织8行,然后对折缝合,形成双层褶边。
4. 在双层褶边穿上宽紧带,下摆用钩针钩织花边,披肩毛衣编织完成。

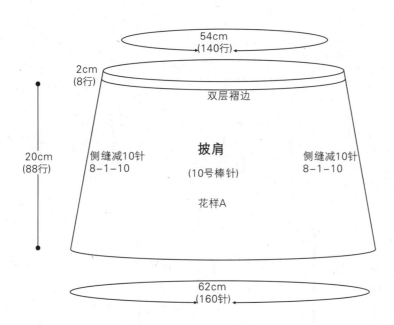

单罗纹

符号说明:

- ⊟　　上针
- □=⊡　下针
- ＋　　短针
- ┬　　长针
- ∞　　锁针
- ☑　　右并针
- ▢　　镂空针

2-1-3 行-针-次

↑　编织方向

花样A

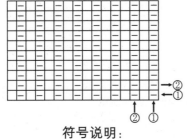

钩针花样

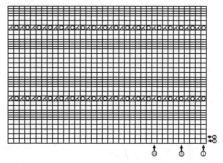

紫色公主套裙

【成品规格】 衣长28cm，下摆宽27cm

【工　　具】 10号棒针，钩针

【编织密度】 28针×42行=10cm²

【材　　料】 紫色羊毛线200g

编织要点:

1. 毛衣用棒针编织，由2片前片、1片后片组成，从下往上编织。

2. 先编织前片。分右前片和左前片编织。(1) 右前片先用下针起针法，起36针，织花样A，侧缝不用加减针，织76行至袖窿。(2) 袖窿以上的编织。右侧袖窿平收3针后减针，方法是每织2行减1针减3次。(3) 同时进行领窝减针，减针方法是每2行减1针减14次，共减14针，织至肩部余16针。(4) 相同的方法，相反的方向编织左前片。
3. 编织后片。(1) 先用下针起针法，起76针，织花样A，侧缝不用加减针，织76行至袖窿。(2) 袖窿以上编织。开始减针，方法与前片袖窿一样。(3)从袖窿算起34行时，开后领窝，中间平收24针，两边各减4针，方法是每2行减1针减4次，织至两边肩部余16针。
4. 缝合。将前片的侧缝与后片的侧缝对应缝合，再将前后片的肩部对应缝合。
5. 门襟编织。两边门襟至领圈和下摆用钩针钩织花边。
6. 用缝衣针缝上纽扣。衣服编织完成。

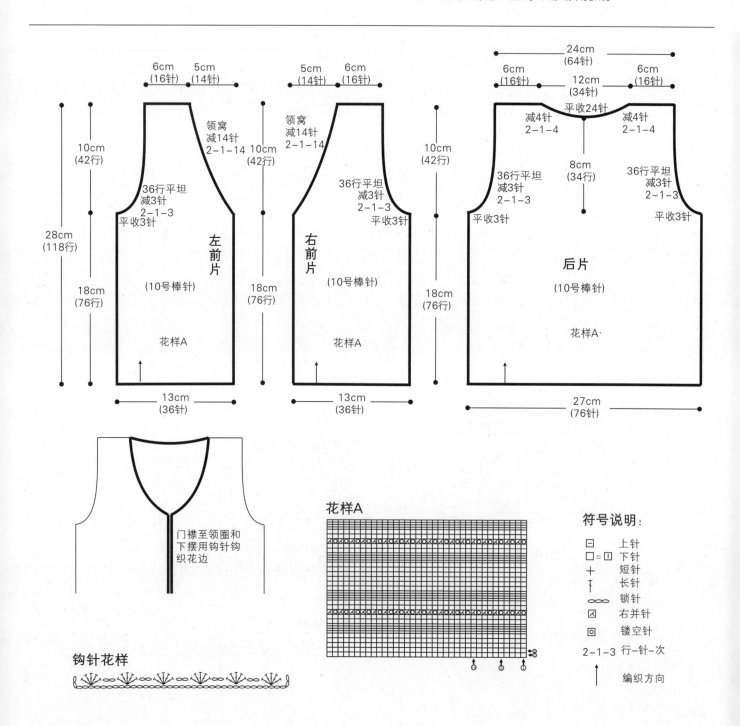

符号说明:

□ 上针
□=□ 下针
十 短针
丁 长针
⌒ 锁针
⊠ 右并针
⊡ 镂空针
2-1-3 行-针-次
↑ 编织方向

经典拉链开衫

【成品规格】 衣长36cm，下摆宽38cm，袖长31cm

【工　　具】 10号棒针，缝衣针

【编织密度】 22针×30行＝10cm²

【材　　料】 咖啡色段染羊毛线400g，灰色等线少许 拉链1条

编织要点：

1. 毛衣用棒针编织，由2片前片、1片后片、2片袖片组成，从下往上编织。

2. 先编织前片。分右前片和左前片编织。(1) 右前片用下针起针法起42针，先织6行花样A后，改织全下针，并编入图案，侧缝不用加减针，织至46行至袖窿。(2) 袖窿以上的编织。右侧袖窿平收4针后减针，方法是每织2行减1针减4次，共减4针，不加不减平织48行至袖窿。(3) 同时从袖窿算起至36行时，门襟处平收4针后，开始领窝减针，方法是每2行减1针减8次，至肩部余22针。(4) 相同的方法，相反的方向编织左前片。

3. 编织后片。(1) 用下针起针法，起84针，先织6行花样A后，改织全下针，侧缝不用加减针，织46行至袖窿。(2)袖窿以上编织。袖窿开始减针，方法与前片袖窿一样。(3) 同时织至从袖窿算起52时，开后领窝，中间平收20针，两边各减2针，方法是每2行减1针减2次，织至两边肩部余22针。

4. 编织袖片。从袖口织起，用下针起针法，起42针，先织6行花样A后，改织全下针，袖侧缝两边加13针，方法是每4行加1针加13次，编织64行至袖窿。开始两边平收4针，进行袖山减针，方法是两边分别每2行减3针减5次，每2行减2针减4次，每2行减1针减3次，共减26针，编织完24行后余8针，收针断线。同样方法编织另一袖片。

5. 缝合。将前片的侧缝与后片的侧缝对应缝合，前后片的肩部对应缝合，再将两袖片的袖下缝合后，袖山边线与衣身的袖窿边对应缝合。

6. 领子编织。领圈边挑98针，织16行花样B，形成开襟翻领。

7. 门襟编织。两边门襟分别挑适合针数，织4行花样A，左边门襟均匀地开纽扣眼。

8. 用缝衣针缝上纽扣，衣服编织完成。

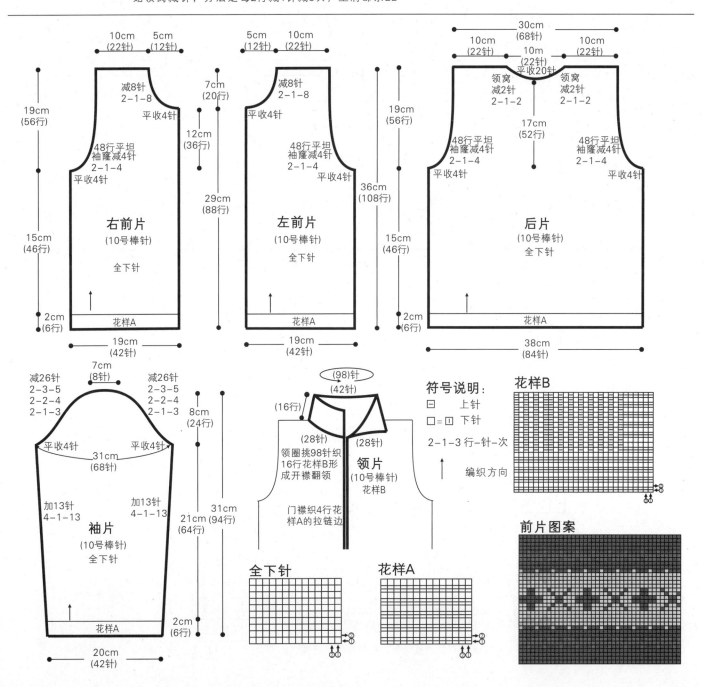

美丽葡萄园上装

【成品规格】衣长38cm，宽34cm，肩宽22cm，
袖长26cm

【工　具】12号棒针，1.75mm钩针

【编织密度】31针×40行=10cm²

【材　料】黑色棉线400g，其他彩色棉线少量

编织要点：

1.棒针编织法，衣服分为前片、后片来编织完成。
2.先织后片，下针起针法，起124针起织，起织花样B，

共织16行后，与起针合并成双层衣摆，继续往上编织至92
行，（双层衣摆的内里行数不计），两侧同时减针织成袖隆
各减8针，方法为1-5-1，2-1-3，织至第101行，将织片均
匀减针至68针，继续编织，两侧不再加减针，织至第149行
时，中间留取30针不织，用防解别针扣住，两端相反方向减
针编织，各减少2针，方法为2-1-2，最后两肩部余下17
针，收针断线。
4.前片的编织，编织方法与后片相同，当编织至第125行
时，中间留取10针不织，用防解别针扣住，两端相反方向减
针编织，各减少12针，方法为2-2-2，2-1-8，最后两肩部
余下17针，收针断线。
5.前片与后片的两侧缝对应缝合，两肩部对应缝合。

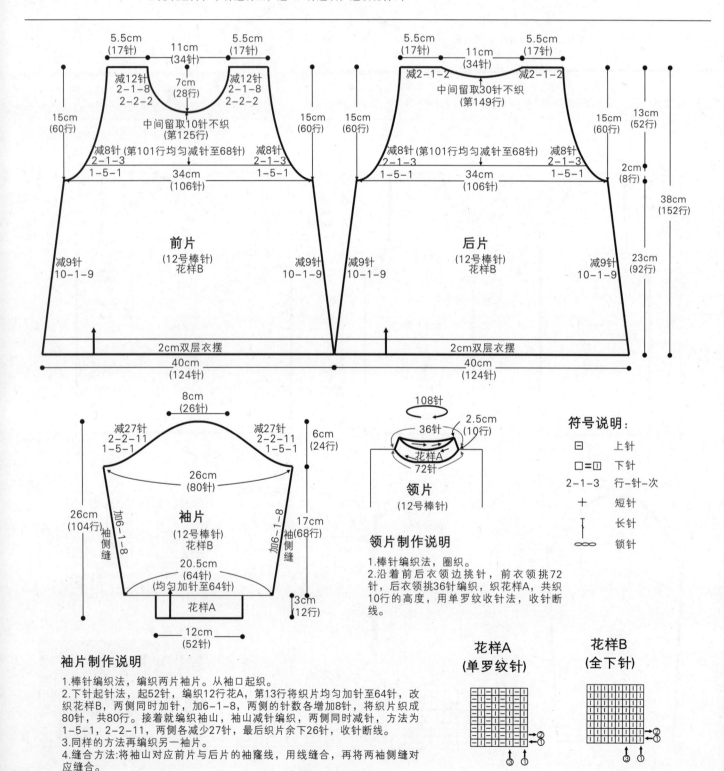

袖片制作说明

1.棒针编织法，编织两片袖片。从袖口起织。
2.下针起针法，起52针，编织12行花A，第13行将织片均匀加针至64针，改
织花样B，两侧同时加针，加6-1-8，两侧的针数各增加8针，将织片织成
80针，共织80行。接着就编织袖山，袖山减针编织，两侧同时减针，方法为
1-5-1，2-2-11，两侧各减少27针，最后织片余下26针，收针断线。
3.同样的方法再编织另一袖片。
4.缝合方法:将袖山对应前片与后片的袖隆线，用线缝合，再将两袖侧缝对
应缝合。

领片制作说明

1.棒针编织法，圈织。
2.沿着前后衣领边挑针，前衣领挑72
针，后衣领挑36针编织，织花样A，共织
10行的高度，用单罗纹收针法，收针断
线。

符号说明：

日	上针
ロ=国	下针
2-1-3	行-针-次
+	短针
		长针
∞	锁针

花样A
（单罗纹针）

花样B
（全下针）

学院派连衣裙

【成品规格】 胸围56cm，肩宽20cm，裙长44cm

【工　　具】 12号环形针，12号棒针

【编织密度】 30针×40行=10cm²

【材　　料】 宝宝绒线350g，深蓝色300g，浅灰色线50g

编织要点：

1.棒针编织法，前后裙片一起编织。起织，下针起针法，用浅灰色线起288针，首尾连接环形编织，编织下针15行，第16行编织时先将织片对折8行向内翻成双边，合成时采用上下2针并1针的方法，即每间隔1针在对应的起头处挑出1针和上面的1针并为1针。这样正面就为8行。

2.第9行换深蓝色线编织下针，不加减针编织下针

20cm80行后，裙片部分完成。第80行编织时进行缩针，即将288针均匀并针成168针。

3.第89行开始编织裙腰，裙腰编织花样A，共编织4cm，16行。

4.第105行开始编织下针，不加减针编织10行，袖窿以下部分完成。将针数对半分配，分片来回编织，先编织后身片部分，后身片用84针编织，织片两侧需要同时减针织成袖窿，减针方法为平收4针后2-1-8，两侧针数各减少12针，余下60针继续编织，两侧不再加减针，织至第170行开始减后领窝，方法是在织片中间平收16针，然后两边减针2-2-3，编织至44cm，176行后每边肩部剩余针数16针，收针断线。

5.编织前身片部分，前身片用84针编织，织片两侧需要同时减针织成袖窿，减针方法为平收4针后2-1-8，两侧针数各减少12针，余下60针继续编织，两侧不再加减针，织至第122行开始减前领窝，方法是从织片中间对分向两边减针，减针方法是1-1-1，4-1-13，编织至44cm，176行后每边肩部剩余针数16针，收针断线。

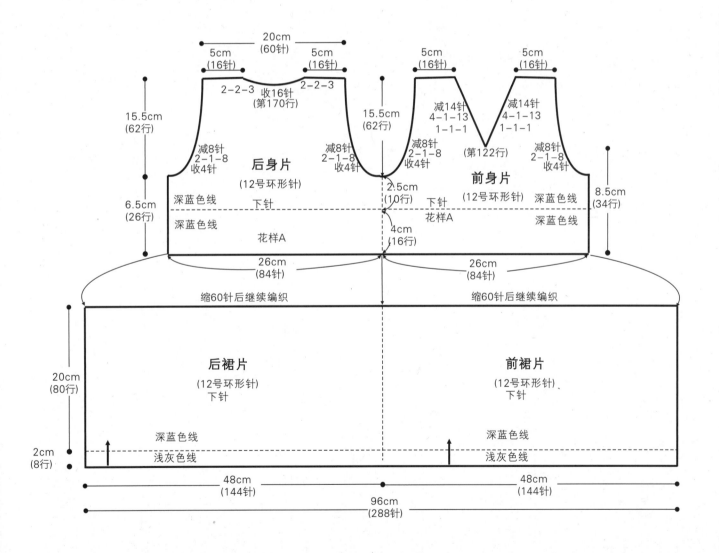

袖片编织图解

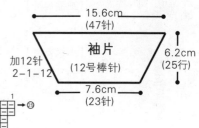

15.6cm
(47针)

袖片
(12号棒针)

6.2cm
(25行)

加12针
2-1-12

7.6cm
(23针)

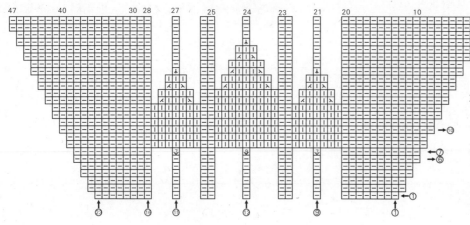

衣袖片制作说明：

1.两片衣袖片，分别单独编织。
2.从袖山处起织，起23针，按袖片花样图解编织，编织6行上针，第7行增加编织花样，方法是第9针1针放出7针，第12针1针放出9针，第15针1针放出7针，其余针数编织上针，袖片编织时在两侧同时加针，加针方法为2-1-12，加至25行时针数为47针，收针断线。
3.同样的方法再编织另一衣袖片。
4.将两袖片的袖山与衣身的袖窿线边对应缝合。

花样A

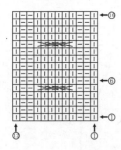

袖边/领边/绣花制作说明

1.袖边，棒针编织法，用浅灰色线沿袖窿及袖边挑86针。环形编织，全上针编织4行，上针收针断线。两边袖口相同编织。
2.领边，棒针编织法，用深蓝色线沿着前后身片形成的领窝均匀挑140针，环形编织单罗纹6行，第7行将后领窝的30针用单罗纹收针，剩余的前领边每1针放3针，第8行换浅灰色线来回编织正面下针，共编织4行，收针断线。
3.用浅灰色线在前后裙片上按十字绣图案绣制花样。

符号说明：

□　　　上针

□ =Ⅰ　　下针

3针相交叉，左3针在上

2-1-3　　行-针-次

十字绣图案

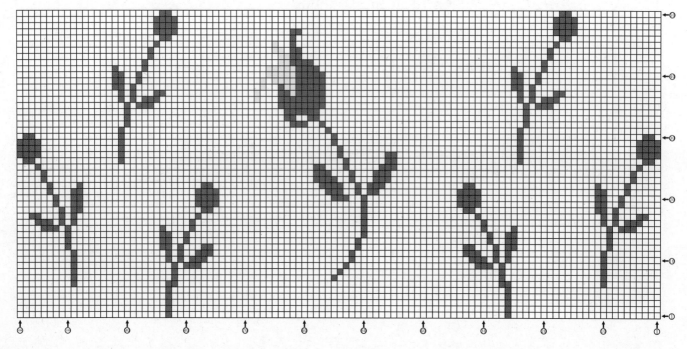

紫荆花短袖装

【成品规格】 衣长46cm，下摆宽39cm，袖长11cm

【工　具】 10号棒针

【编织密度】 28针×36行=10cm²

【材　料】 灰色羊毛线400g

编织要点:

1. 毛衣用棒针编织，由1片前片、1片后片、2片袖片组成，从下往上编织。

2. 先编织前片。(1) 用下针起针法起110针，先织8行双罗纹，再改织全下针，并编入图案，侧缝不用加减针，织108行至袖窿。(2) 袖窿以上的编织。两边袖窿平收4针后减针，方法是每2行减2针减4次，各减8针，余下针数不加不减织42行至肩部。(3) 同时从袖窿算起织至22行时，开始领窝减针，中间平收54针，然后两边减针，方法是每2行减2针减4次，各减8针，不加不减织20行至肩部余8针。

3. 编织后片。(1)用下针起针法起120针，先织8行双罗纹，再改织全下针，侧缝不用加减针，织至82行时，中间打皱褶减30针，余90针，并改织16行双罗纹，再织10行全下针至袖窿。(2)袖窿以上编织。两边袖窿平收4针后减针，方法是每2行减2针减4次，各减8针，余下针数不加不减织42行至肩部。(3) 同时织至袖窿算起44行时，开后领窝，中间平收44针，两边减针，方法是每2行减1针减3次，织至两边肩部余8针。

4. 袖片编织。用下针起针法，起56针，先织8行双罗纹后，改织全下针，同时进行袖山减针，方法是每2行减2针减9次，共减18针，织32行至顶部余20针。

5. 缝合。将前片的侧缝与后片的侧缝对应缝合。前片的肩部与后片的肩部缝合，两边袖片打皱褶后与衣片的袖边缝合。

6. 领片编织。领圈边另织一个长方形，起10针，织216行花样A，与领圈缝合，前片领窝打皱褶，多余部分缝上毛毛球作为飘带。毛衣编织完成。

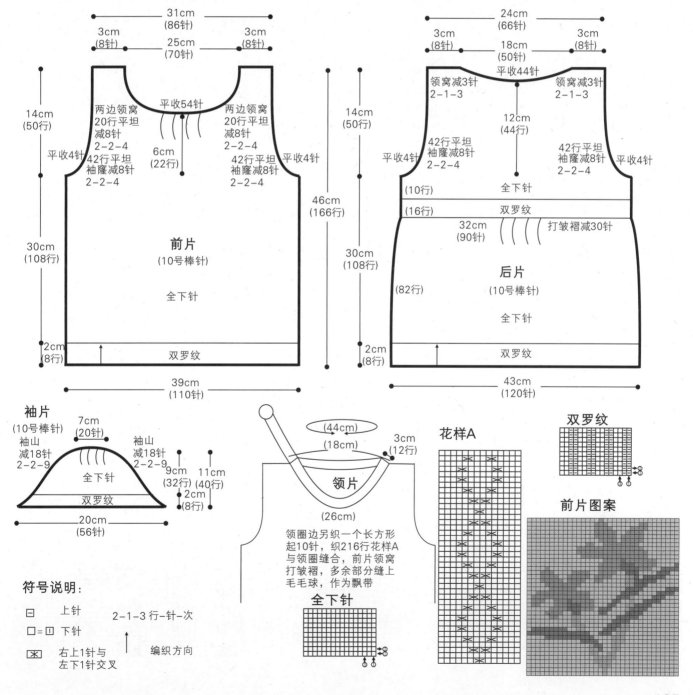

袖片
(10号棒针)
袖山减18针 2-2-9
7cm(20针)
全下针
双罗纹
9cm(32行) 11cm(40行)
2cm(8行)
20cm(56针)

前片
(10号棒针)
31cm(86针)
3cm(8针) 25cm(70针) 3cm(8针)
平收54针
两边领窝20行平坦减8针 2-2-4
6cm(22行)
平收4针 42行平坦袖窿减8针 2-2-4
14cm(50行)
30cm(108行)
全下针
2cm(8行) 双罗纹
46cm(166行)
39cm(110针)

后片
(10号棒针)
24cm(66针)
3cm(8针) 18cm(50针) 3cm(8针)
平收44针
领窝减3针 2-1-3
12cm(44行)
42行平坦袖窿减8针 2-2-4
平收4针
14cm(50行)
(10行)
(16行) 双罗纹
32cm(90针) 打皱褶减30针
(82行)
全下针
30cm(108行)
2cm(8行) 双罗纹
43cm(120针)

领片
(44cm)(18cm)
3cm(12行)
(26cm)
领圈边另织一个长方形起10针，织216行花样A与领圈缝合，前片领窝打皱褶，多余部分缝上毛毛球，作为飘带

全下针

花样A

双罗纹

前片图案

符号说明:

□ 上针

□=□ 下针

区 右上1针与左下1针交叉

2-1-3 行-针-次

↑ 编织方向

帅气V领毛衣

【成品规格】 衣长36cm，袖长33cm，下摆宽
31cm，袖长33cm
【工　　具】 10号棒针
【编织密度】 38针×48行=10cm²
【材　　料】 灰色羊毛线400g

编织要点：

1. 毛衣用棒针编织，由1片前片、1片后片、2片袖片组成，从下往上编织。
2. 先编织前片。(1) 用下针起针法起118针，编织14行单罗纹后，分散加8针，并改织花样A，侧缝不用加减针，织86行至袖窿。(2) 袖窿以上的编织。两边袖窿先平收6针后减针，方法是每2行减2针减5次，各减10针，余下针数不加不减织72行至肩部。(3) 同时从袖窿算起织至20行时，开始开领窝，中间分开两边减针，方法是每2行减1针减17次，各减17针，不加不减织18行至肩部余30针。
3. 编织后片。(1) 袖隆和袖窿以下编织方法与前片袖窿一样。(2) 同时织至袖窿算起62行时，开后领窝，中间平收25针，两边减针，方法是每2行减1针减5次，织至两边肩部余30针。
4. 袖片编织。用下针起针法，起68针，先织20行单罗纹后，改织花样A，两边袖下加针，方法是每6行加1针加16次，织至114行时，针数为100针，开始袖山减针，方法是每2行减3针减9次，每1行减1针减3次，织24行至顶部余28针。
5. 缝合。将前片的侧缝与后片的侧缝对应缝合。前片的肩部与后片的肩部缝合，两边袖片的袖下缝合后，分别与衣片的袖边缝合。
6. 领片编织。领圈边挑136针，以前片中间为中点，按V领领口花样图解编织8行单罗纹，形成V领。毛衣编织完成。

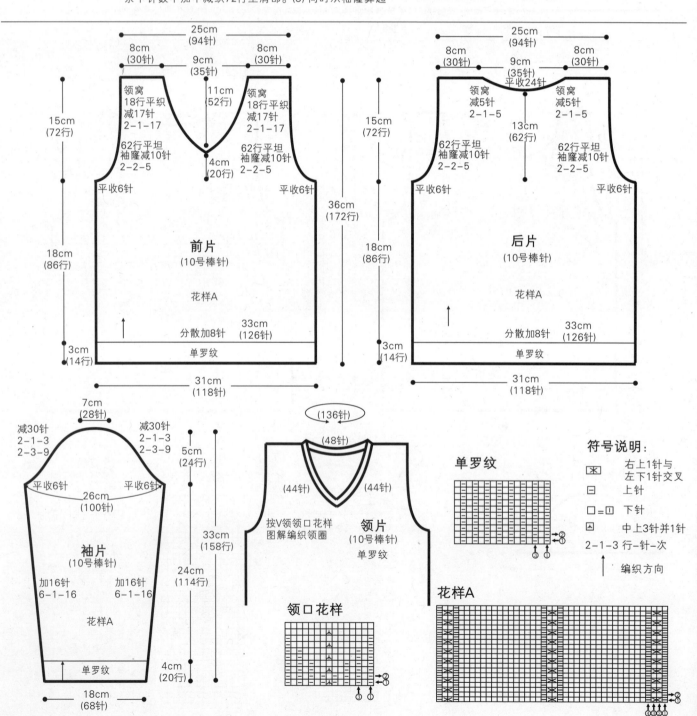

条纹配色背心

【成品规格】 衣长35.5cm，胸宽30cm，肩宽26cm
【工　具】 10号棒针
【编织密度】 26针×36行=10cm²
【材　料】 紫色羊毛线150g，灰色线350g，橘红色和蓝色少许

编织要点:

1.棒针编织法。
2.后片的织法。单罗纹起针法起88针，织14行花样A，然后全织下针，并根据花样D配色编织。后片开始按平收5针、2-2-3在两边各收掉11针，花样D织够112行时在

中间平收38针，分左右两片编织。先织右片，在左边按2-1-2方法收针，最后剩12针，收针。同样方法织左片。
3.前片的织法。单罗纹起针法起88针，织14行花样A、灰色线6行下针、紫色线6行下针、20行花样C，用灰色线织，紫色线6行下针、灰色线24行下针，后在灰线继续织下针的同时开始按平收5、2-2-3在两边各收掉11针，织下针共够92行时在中间平收18针，分左右两片编织。先织右片，在左边按2-2-6、平织12行方法收12针，最后剩12针平针锁边。同样方法织左片。
4.缝合。用缝衣针把前片、后片缝合到一起。
5.领片的织法。如图示沿领边、沿小门襟边挑114针织10行花样A，单罗纹锁边。
6.袖片的织法。沿左右袖边各挑100针织10行花样A，单罗纹锁边。

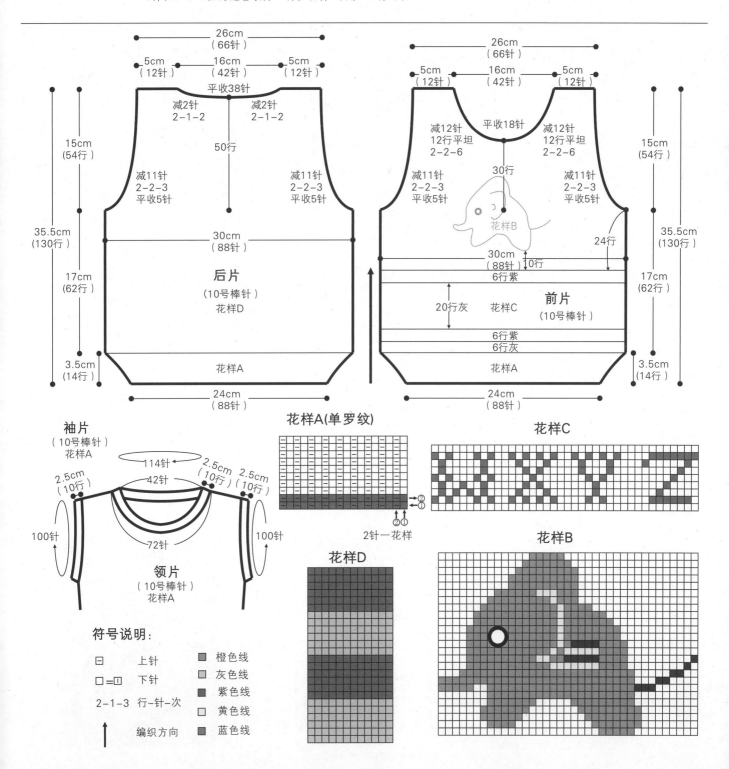

符号说明：

▢ 上针
▢=▢ 下针
2-1-3 行-针-次

■ 橙色线
■ 灰色线
■ 紫色线
□ 黄色线
■ 蓝色线

编织方向

运动型男孩儿装

【成品规格】 衣长47cm，下摆宽36cm，连肩袖长47cm

【工　具】 10号棒针，缝衣针，钩针

【编织密度】 30针×42行=10cm²

【材　料】 白色段染羊毛线400g，咖啡色线少许，拉链1条

编织要点：

1. 毛衣用棒针编织，由2片前片、1片后片、2片袖片组成，从下往上编织。

2. 先编织前片。(1) 左前片。用下针起针法，起54针，织20行双罗纹后，改织全下针，侧缝不用加减针，织110行至插肩袖窿。(2) 袖窿以上的编织。袖窿平收4针后减28针，方法是每4行减2针减14次。(3) 同时从插肩袖窿算起，织至50行时，开始领窝减22针，门襟处平收6针后减针，方法是每2行减2针减8次，织至肩部全部针

数收完。同样方法编织右前片。

3. 编织后片。(1) 用下针起针法，起108针，织20行双罗纹后，改织全下针，并编入图案，侧缝不用加减针，织110行至插肩袖窿。(2) 袖窿以上的编织。两边袖窿平收4针后，各减28针，方法是每4行减2针减14次。领窝不用减针，织66行后余44针。

4. 编织袖片。用下针起针法，起52针，织20行单罗纹后，改织全下针，两边袖下加针，方法是每6行加1针加14次，织至110行开始插肩减针，两边平收4针后减针，方法是每4行减2针减14次，至肩部余16针，同样方法编织另一袖。

5. 缝合。将前片的侧缝与后片的侧缝对应缝合。袖片的袖下分别缝合，袖片的插肩部与衣片的插肩部缝合。

6. 前片口袋另织。用咖啡色线起48针，织花样A，织30行时开始袋口减针，先平收12针后减针，方法是每2行减2针减11次，织28行余14针，收针断线，同样方法织2片。然后与前片对应缝合。

7. 领圈边挑134针，织14行双罗纹，形成开襟圆领。

8. 两边门襟至帽沿用钩针钩织门襟拉链边，缝上拉链。毛衣编织完成。

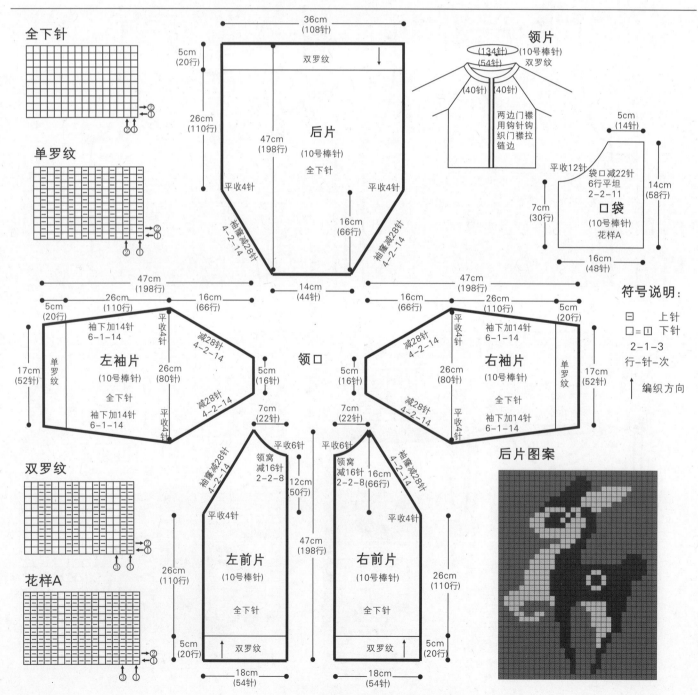

符号说明：

日　上针
□=回　下针

2-1-3
行-针-次

↑　编织方向

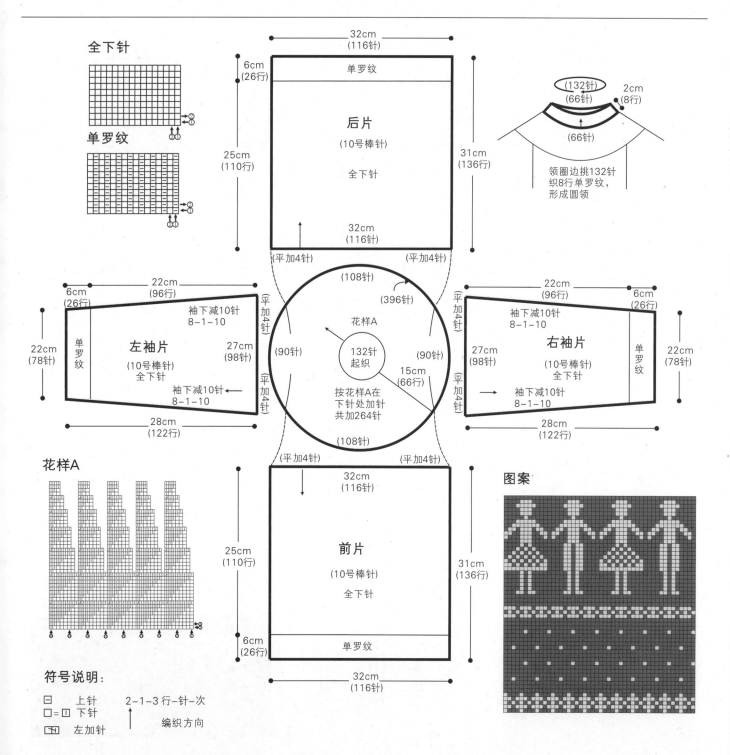

经典黑色毛衣

【成品规格】 衣长46cm，下摆宽32cm，连肩袖长43cm

【工　　具】 10号棒针

【编织密度】 36针×44行=10cm²

【材　　料】 黑色羊毛线400g，白色线少许

编织要点:

1. 毛衣用棒针编织，由1片前片、1片后片、2片袖片组成，从上往下编织。

2. 先织领口环形片。用下针起针法起132针，环织花样A，并按花样A在下针处加针，织4行加第一次针，每织3针加1针，织4行加第二次针，每4针加1针，织5行加第三次针，每5针加1针，依此类，推织完66行时，共加264针，织片的针数为396针，环形片完成。

3. 开始分出前片、后片和2片袖片。(1)前片分出108针，并在两边各平加4针，共116针，继续编织全下针，并编入图案，侧缝不用加减针，织至110行时改织26行单罗纹，收针断线。(2)后片分出108针，编织方法与前片一样。

4. 袖片编织。左袖片分出90针，并在两边各平加4针，共98针，继续编织全下针，并编入图案，袖下减针，方法是每8行减1针减10次，织至96行时，改织26行单罗纹，收针断线。同样方法编织右袖片。

5. 缝合。将前片的侧缝和后片的侧缝缝合。两袖片的袖下分别缝合。

6. 领片编织。领圈边挑132针，织8行单罗纹，形成圆领。毛衣编织完成。

红黑两色毛衣

【成品规格】 衣长36cm，下摆宽31cm，肩宽25cm，袖长34cm

【工　具】 10号棒针

【编织密度】 26针×42行=10cm²

【材　料】 黑色羊毛线400g，红色线少许

编织要点:

1. 毛衣用棒针编织，由1片前片、1片后片、2片袖片组成，从下往上编织。

2. 先编织前片。(1) 用下针起针法起80针，编织22行单罗纹后，改织全下针，按图配色和编入图案，侧缝不用加减针，织80行至袖隆。(2) 袖隆以上的编织。两边袖隆平收4针后减针，方法是每2行减1针减3次，各减3针，余下针数不加不减织44行至肩部。(3) 同时从袖隆算起织至38行时，开始开领窝，中间平收14针，然后两边减针，方法是每2行减2针减5次，各减5针，至肩部余16针。

3. 编织后片。(1) 用黑色线，下针起针法起80针，编织22行单罗纹后，改织全下针，侧缝不用加减针，织80行至袖隆。(2) 袖隆以上的编织。两边袖隆平收4针后减针，方法是每2行减1针减3次，各减3针，余下针数不加不减织44行。(3) 同时在袖隆算起织至38行时，开始领窝减针，中间平收14针后，两边减针，方法是每2行减2针减5次，至肩部余18针。

4. 袖片编织。用下针起针法，起44针，织22行单罗纹后，改织全下针，并配色，袖下加针，方法是每10行加1针加8次，织至92行时开始袖山减针，方法是每2行减2针减6次，每2行减1针减6次，至顶部余16针。

5. 缝合。将前片的侧缝与后片的侧缝对应缝合。前片的肩部与后片的肩部缝合，两边袖片的袖下缝合后，分别与衣片的袖边缝合。

6. 领片编织。领圈边挑112针，圈织12行单罗纹，形成圆领。毛衣编织完成。

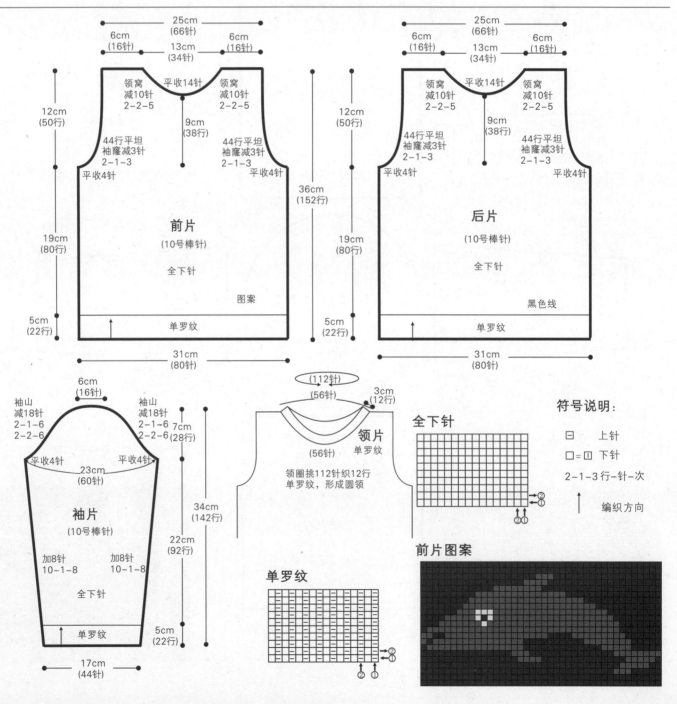

休闲风温暖毛衣

【成品规格】 衣长40cm，下摆宽34cm，肩宽28cm，袖长27cm
【工　　具】 10号棒针
【编织密度】 30针×38行=10cm²
【材　　料】 黑色、蓝色、黄色、绿色等羊毛线各适量

编织要点:

1. 毛衣用棒针编织，由1片前片、1片后片、2片袖片组成，从下往上编织。
2. 先编织前片。(1) 用下针起针法起102针，编织4行单罗纹后，改织全下针，按图配色和编入图案，侧缝不用加减针，织82行至袖隆。(2) 袖隆以上的编织。两边袖隆减针，方法是每2行减1针减9次，各减9针，余下针数不加不减织46行至肩部。(3) 同时从袖隆算起织至46行

时，开始开领窝，中间平收36针，然后两边减针，方法是每2行减1针减9次，各减9针，织至肩部余15针。
3. 编织后片。(1) 用下针起针法起102针，编织4行单罗纹后，改织全下针，按图配色和编入图案，侧缝不用加减针，织82行至袖隆。(2) 袖隆以上的编织。两边袖隆减针，方法是每2行减1针减9次，各减9针，余下针数不加不减织46行至肩部余84针，不用开领窝。
4. 袖片编织。用下针起针法，起84针，织4行单罗纹后，改织全下针，并配色和编入图案，袖下加针，方法是每8行加1针加10次，织至82行时开始袖山减针，方法是每2行减4针减3次，每2行减3针减2次，每2行减2针减3次，至顶部余56针。
5. 缝合。将前片的侧缝与后片的侧缝对应缝合。前片的肩部与后片的肩部缝合，两边袖片的袖下缝合后，分别与衣片的袖边缝合。
6. 领片编织。领圈边挑112针，圈织34行单罗纹，形成高领。毛衣编织完成。

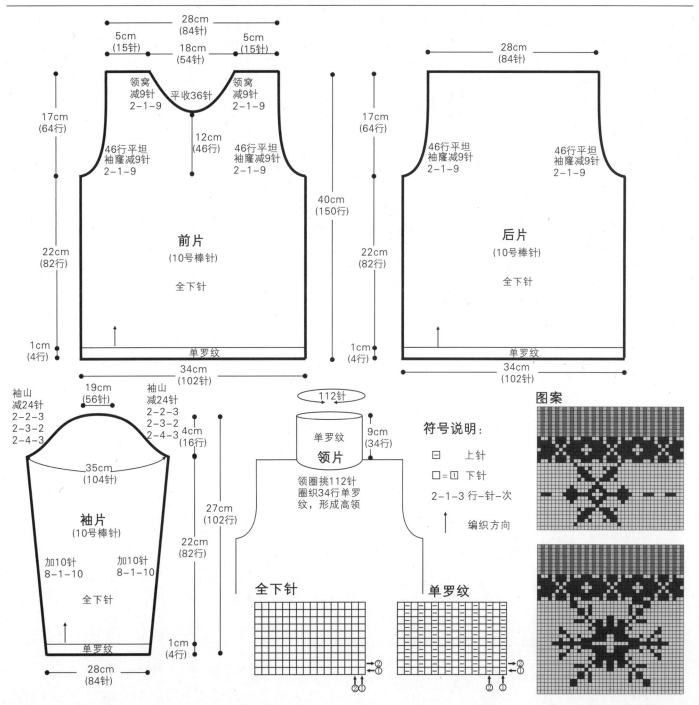

经典圆领配色编织

【成品规格】 衣长44.5cm，胸宽28cm，袖长24cm

【工 具】 10号棒针

【编织密度】 22针×28行=10cm²

【材 料】 白色与绿色段染绒线400g

编织要点:

1.棒针编织法。从领口起织，至袖窿分成左右前片与后片，2个袖片。

2.领口起织，下针起针法，起68针，首尾闭合编织。起织下针，织10行后，分配34组花，每组2针下针1针上针，依照花样A图解加针编织，织成54行，加成204针的圆形织片。将后片织高，挑出后片的54针，两边引退针编织，即往前挑5针后返回织，再往袖片挑5针针织，如此重复5次，将后片织高10行。然后分片，前片取54针，后片54针，两边袖片48针。(1)前片与后片作一片编织。从前片起织54针，然后用单起针法，起8针，跳过袖片的48针，接上后片织54针，然后再用单起针法，起8针，跳过另一边袖片的48针宽度，接上前片的60针继续编织。一圈共140针。起织花A，不加减针，织60行的高度后，全部改织花样B双罗纹针，不加减针，织12行的高度后，收针断线。(2)袖片的编织。挑出领片上分出的袖片针数，共48针，在腋下挑出前后片加针织出的8针，一圈共56针，起织花A，在腋下中心以2针为对称进行减针，8-1-3、6-1-3、4-1-4，各减少10针，然后改织花样B双罗纹针，织10行后收针断线。另一边袖片的织法相同。衣服完成。

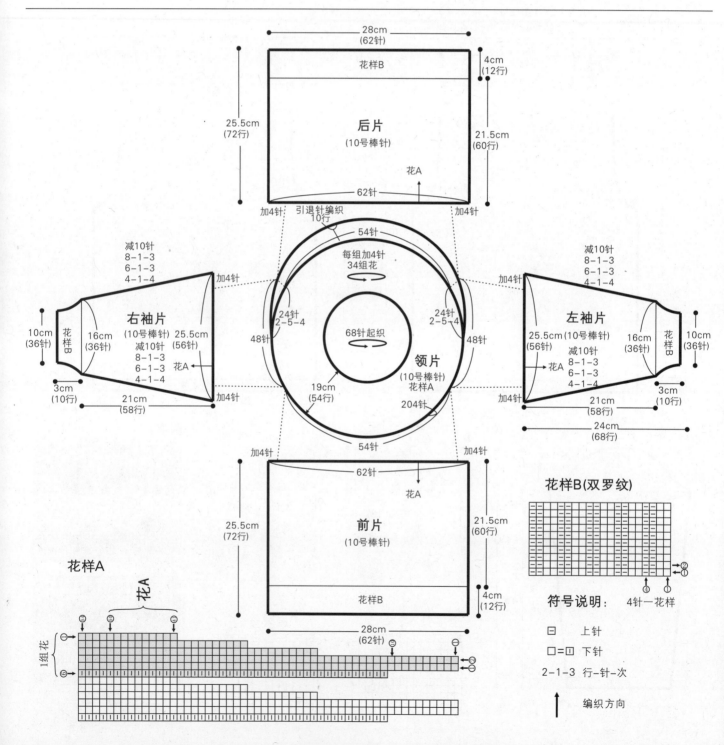

休闲字母装

【成品规格】	衣长33cm，胸宽32.5cm，袖长34.5cm
【工　　具】	10号棒针
【编织密度】	27针×40行=10cm²
【材　　料】	蓝色花毛线400g，白色毛线100g

编织要点：

1.棒针编织法。

2.后片的织法。用蓝色毛线，单罗纹起针法起80针，织16行花样A，其他全部织下针（第一行下针分散加8针，这时针数为88针），先用蓝色线织58行、白色线织6行，后再换成蓝色线，同时在两边按平收5针、2-1-25、2行平坦各收掉30针，剩28针，平针锁边。

3.前的织法。用蓝色毛线，单罗纹起针法起80针，织16行花样A，其他全部织下针（第一行下针分散加8针，这时针数为88针），用蓝色线织58行下针，白色线织6行下针，开始在两边按平收5针、2-1-25、2行平坦各收掉30针，同时织23行花样C。花样C织完后再继续17行下针后在中间平收16针，分两片编织。先织右片，按2-1-6收6针，剩28针，平针锁边。在结构图所示的织41行下针后，在第42行起，用十字绣的方法，绣上花样B图案。

4.袖片的织法。用蓝色毛线，单罗纹起针法起40针，织16行花样A，其他全部织下针（第一行下针分散加16针，这时针数为56针），先织54行花样D，换成蓝色线织16行下针，后在两边按平收5针、2-1-25、2行平坦各收掉30针，剩28针平针锁边。

5.缝合。用缝衣针把前片、后处、袖片缝合到一起。

6.领片的织法。沿领边挑60针（前片32针，后片28针），织12行花样A，单罗纹锁边。

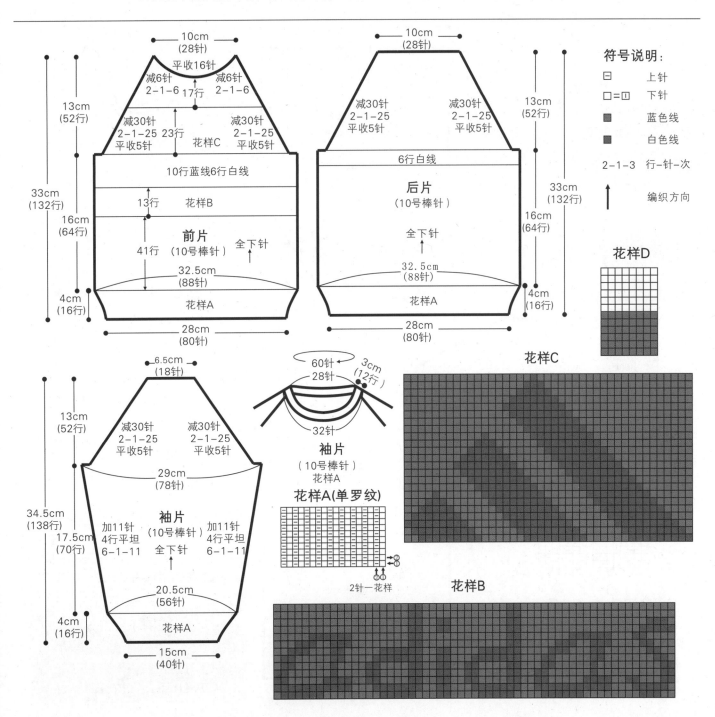

符号说明：

□	上针
□=□	下针
■	蓝色线
■	白色线

2-1-3　行-针-次

↑　编织方向

前片（10号棒针）

10cm（28针）
平收16针
减6针 2-1-6 17行
减6针 2-1-6
减30针 2-1-25 平收5针 23行
减30针 2-1-25 平收5针
10行蓝线6行白线
13行 花样B
13cm（52行）
16cm（64行）
33cm（132行）
4cm（16行）
全下针
41行
32.5cm（88针）
花样A
28cm（80针）

后片（10号棒针）

10cm（28针）
减30针 2-1-25 平收5针
减30针 2-1-25 平收5针
6行白线
全下针
13cm（52行）
16cm（64行）
33cm（132行）
4cm（16行）
32.5cm（88针）
花样A
28cm（80针）

袖片（10号棒针）花样A

6.5cm（18针）
减30针 2-1-25 平收5针
减30针 2-1-25 平收5针
29cm（78针）
全下针
加11针 4行平坦 6-1-11
加11针 4行平坦 6-1-11
13cm（52行）
34.5cm（138行）
17.5cm（70行）
4cm（16行）
20.5cm（56针）
花样A
15cm（40针）

领片
60针
28针
3cm（12行）
32针

花样A(单罗纹)
2针一花样

花样D

花样C

花样B

113

修身套头装

【成品规格】 衣长32cm，下摆宽28cm，连肩袖长 32cm

【工　　具】 10号棒针

【编织密度】 30针×38行＝10cm²

【材　　料】 蓝色、白色、红色羊毛各100g

编织要点:

1. 毛衣用棒针编织，由1片前片、1片后片、2片袖片组成，从下往上编织。
2. 先编织前片。(1) 用下针起针法，起84针，织12行双罗纹后，改织全下针，并编入图案，侧缝不用加减针，织64行至插肩袖隆。(2) 袖隆以上的编织。两边平收3针后，进行插肩袖隆减针，方法是每2行减1减22次，各减22针。(3)同时织至从袖隆算起38行时，中间平收18针后，进行领窝减针，方法是每2行减2针减4次，织至顶部针数减完。
3. 编织后片。袖隆以下编织方法和插肩减针方法与前片一样。领窝不用减针，织至顶部针数余34针。
4. 编织袖片。用下针起针法，起40针，织12行双罗纹后，改织全下针，并编入图案，两边袖下加针，方法是10行加1针加6次，织至64行两边平收3针后，开始插肩减针，方法是每2行减1针减22次，至顶部余22针，同样方法编织另一袖，收针断线。
5. 缝合。将前片的侧缝与后片的侧缝对应缝合。袖片的袖下分别缝合，袖片的插肩部与衣片的插肩部缝合。
6. 领片编织。领圈边挑120针，织12行双罗纹，形成圆领。毛衣编织完成。

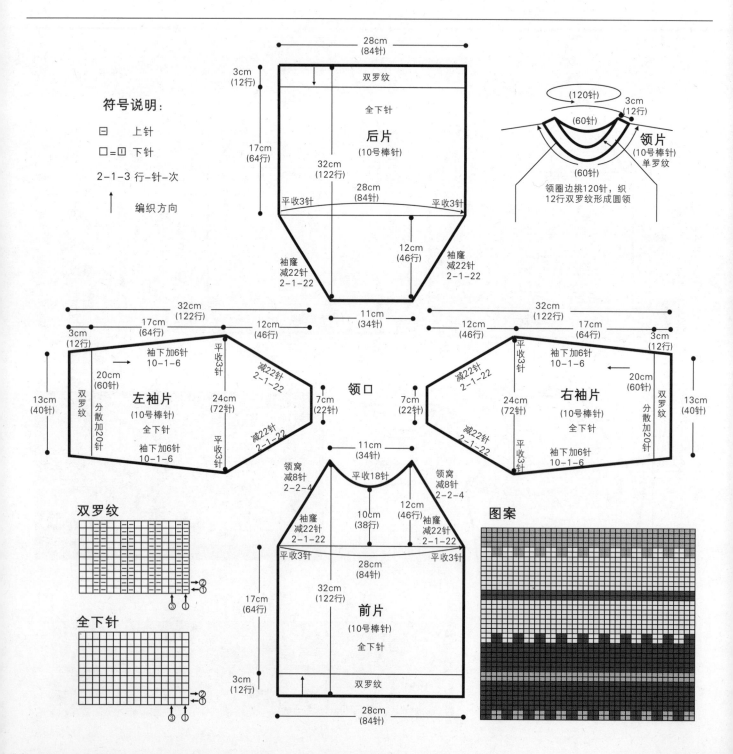

气质双排扣大衣

【成品规格】 衣长43cm，下摆宽35cm，袖长40cm

【工　　具】 10号棒针，缝衣针

【编织密度】 24针×32行=10cm²

【材　　料】 深灰色羊毛线400g，纽扣6枚

编织要点:

1. 双排扣毛衣用棒针编织，由2片前片、1片后片、2片袖片组成，从下往上编织。

2. 先编织前片。分右前片和左前片编织。(1) 右前片用下针起针法起48针，织全下针，侧缝不用加减针，织至74行至袖窿。(2) 袖窿以上的编织。右侧袖窿平收4针后减针，方法是每2行减2针减3次，共减10针，平织58

行。(3) 从袖窿算起织至44行时，开始开领窝，先平收14针，然后领窝减针，方法是每2行减2针减5次，织至肩部余14针。(4)相同的方法，相反的方向编织左前片。右前片按图均匀开扣眼。

3. 编织后片。(1) 用下针起针法，起84针，织全下针，侧缝不用加减针，织74行至袖窿。(2) 袖窿以上编织，袖窿平收4针后开始减针，方法与前片袖窿一样。(3) 织至从袖窿算起58行时，开后领窝，中间平收30针完成。两边各减3针，方法是每2行减1针减3次，织至两边肩部余14针。

4. 编织袖片。(1)从袖口织起，用下针起针法，起44针，织全下针，两边袖侧缝各加9针，方法是每8行加1针加9次，编织86行至袖窿。(2)开始两边平收4针，进行袖山减针，方法是两边分别每2行减1针减20次，编织完42行后余14针，收针断线。同样方法编织另一袖片。

5. 缝合。将前片的侧缝与后片的侧缝对应缝合，前后片的肩部对应缝合，再将两袖片的袖山边线与衣身的袖窿边对应缝合。

6. 用缝衣针缝上纽扣，毛衣编织完成。

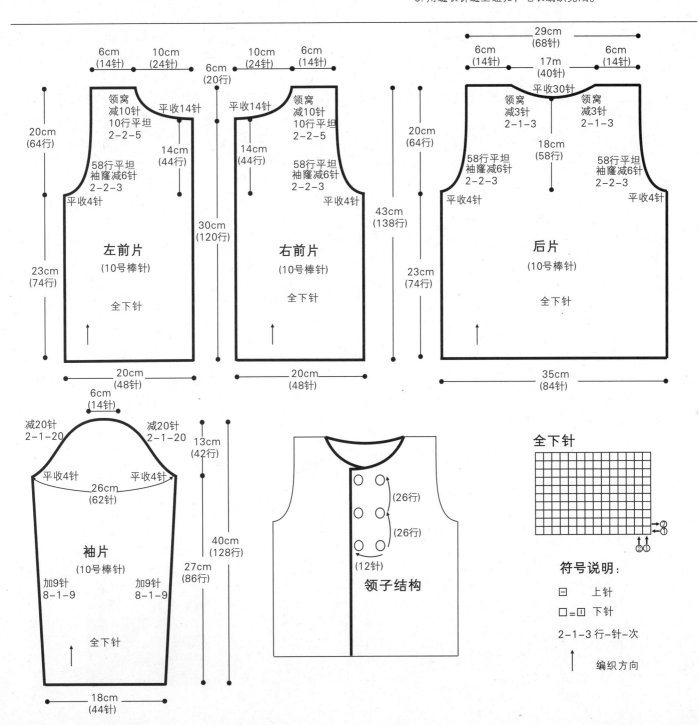

小白兔图案毛衣

【成品规格】 衣长36cm，下摆宽28cm，肩宽22cm

【工　具】 10号棒针

【编织密度】 24针×32行＝10cm²

【材　料】 灰色羊毛线400g，白色、蓝色线等少许

编织要点:

1. 毛衣用棒针编织，由1片前片、1片后片，从下往上编织。
2. 先编织前片。(1) 下针起针法，起68针，编织10行双罗纹后，改织全下针，并编入图案和配色，侧缝不用加减针，织68行至袖隆。(2) 袖隆以上的编织。两边袖隆平收4针后减针，方法是每2行减2针2次，各减4针，余下针数不加不减织34行。(3) 同时从袖隆算起至22行时，开始开领窝，中间平收16针，然后两边减针，方法是每2行减2针2次，共减4针，不加不减织12行至肩部余14针。
3. 编织后片。(1) 袖隆和袖隆以下的编织方法与前片袖隆一样。(2) 同时织至袖隆算起34行时，开后领窝，中间平收20针，两边减针，方法是每2行减1针减2次，织至两边肩部余14针。
4. 缝合。将前片的侧缝与后片的侧缝对应缝合。前片的肩部与后片的肩部缝合。
5. 编织袖口。两边袖口用蓝色线挑88针，环织8行双罗纹。
6. 领子编织。领圈边用蓝色线挑96针，环织8行双罗纹。毛衣编织完成。

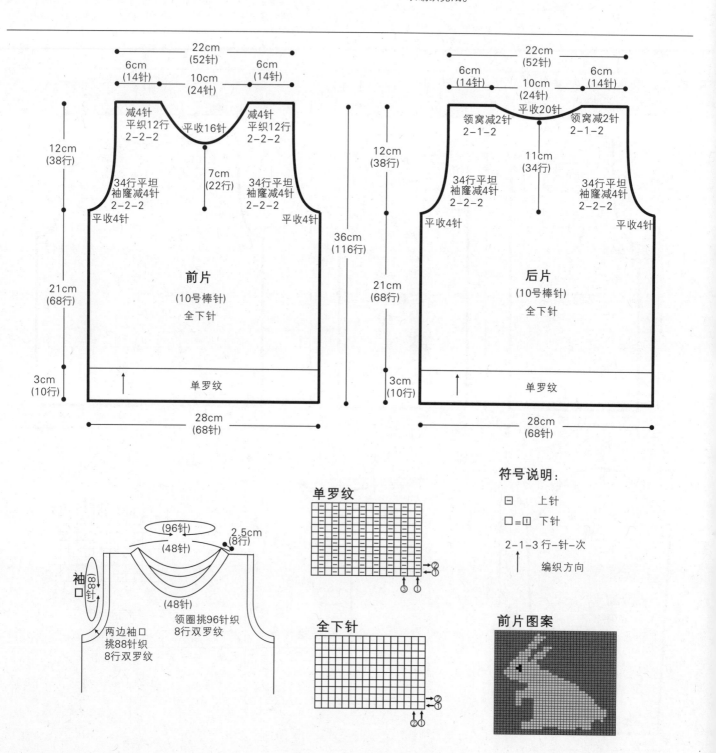

符号说明:

□　　上针

□＝□　下针

2-1-3 行-针-次

↑　编织方向

前片图案

黑白配毛衣

【成品规格】 衣长29cm，胸宽24cm，肩宽24cm，袖长20cm

【工　　具】 10号棒针

【编织密度】 25针×50行=10cm²

【材　　料】 白色和黑色羊毛线各200g

编织要点:

1.棒针编织法。分为前后片分片编织，再编织2个袖片进行缝合，最后编织领片和下摆片。
2.前片的编织，下针起针法，起62针，花样B起织。不加减针编织120行。下一行进行衣领减针，从中间收针16针，两侧相反方法减针，2-1-7，织14行，减7针，

不加减针编织10行，余下16针，收针断线。
3.后片的编织，下针起针法，起62针，花样B起织。不加减针编织148行。下一行进行衣领减针，从中间收针22针，两侧相反方法减针，2-1-4，织8行，减4针，余下16针，收针断线。将前后片的肩部对应缝合。
4.袖片的编织，沿着缝合后的前后片的侧缝边，挑针，用白色线，挑出240针，起织花样C花样，不加减针，织20行后，以肩部为中心，两边各留32针，作袖片编织，余下的88针，将两片缝合。继续编织袖片，腋下减针，10-1-4，再织2行后，余下56针，下一行起织花样A，在第一行里分散减20针，起织花样A，织16行后收针断线。另一边袖片织法相同。
5.领片的编织，于领口前片位置挑针56针，后片位置挑针34针，花样A起织，不加减针编织12行，收针断线。
6.下摆片的编织，于下摆位置挑针124针，首尾相接黑色花样A环织，不加减针织20行，收针断线，衣服完成。

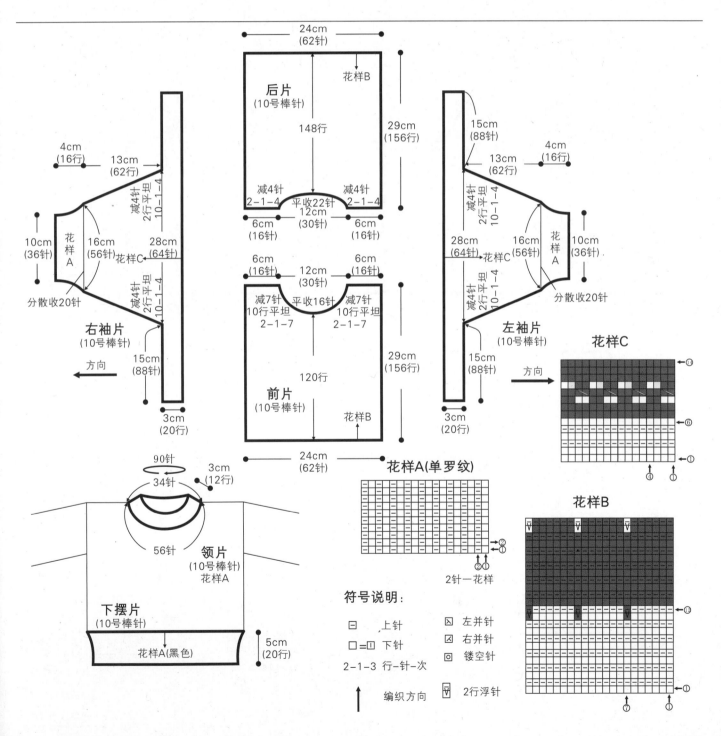

蝴蝶图案毛衣

【成品规格】 衣长31.5cm，胸宽32cm，肩宽25cm

【工　　具】 12号棒针

【编织密度】 31针×41行=10cm²

【材　　料】 灰色羊毛线350g，红色150g，各色绣线少许

编织要点:

1.棒针编织法。由前片与后片和2个袖片组成。
2.前后片织法。(1)前片的编织，用灰色线，单罗纹起针法，起98针，起织花样A，织9行，然后改织下针，织60行至袖隆，袖隆起减针，两侧收针4针，然后2-1-30，当织成袖隆算起52行的高度时，下一行中间收针14针，两侧减针，1-1-8，织至余下1针，收针断线。最后根据花样C，用十字绣的方法绣上图案。(2)后片袖隆以下的织法与前片相同。袖隆两侧减针与前片相同，当织成袖隆算起60行的高度后，余下30针，收针断线。
3.袖片织法。用红色线，单罗纹起针法，起52针，起织花样B，织10行的高度，在最后一行里，分散加针20针，针数加成72针，下一行起，全织下针，并在两边加针，6-1-10，再织4行至袖山减针，两边收针4针，然后2-1-30，织60行后，余下24针，收针断线。相同的方法再去编织另一个袖片。将两个袖山边线与衣身的袖隆边线对应缝合。再将袖侧缝缝合。
4.衣领的编织。用灰色线，沿着前后衣领边，挑出88针，起织花样B单罗纹针，不加减针，织10行的高度后收针断线。

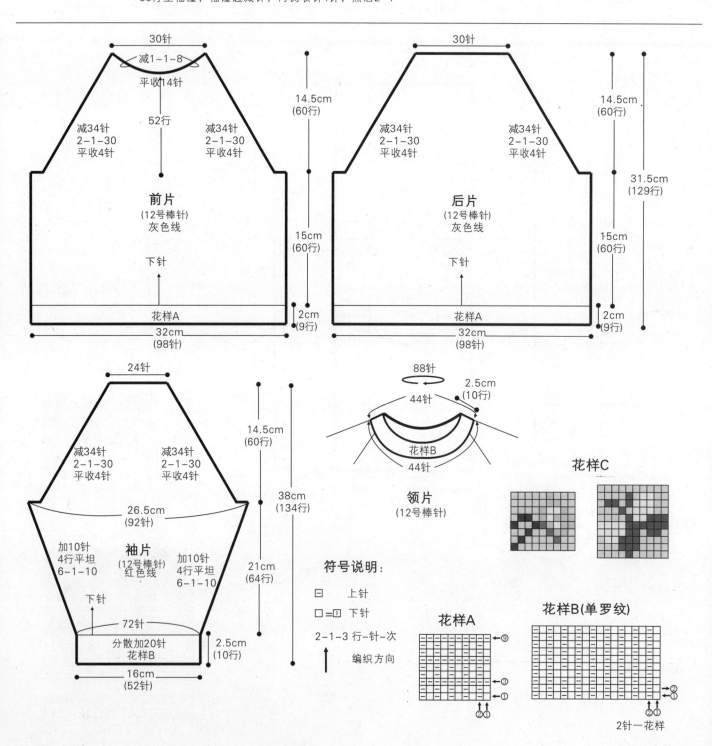

前片
(12号棒针)
灰色线

30针
减1-1-8
平收14针
52行
减34针 2-1-30 平收4针
减34针 2-1-30 平收4针
下针
花样A
14.5cm (60行)
15cm (60行)
2cm (9行)
32cm (98针)

后片
(12号棒针)
灰色线

30针
减34针 2-1-30 平收4针
减34针 2-1-30 平收4针
下针
花样A
14.5cm (60行)
31.5cm (129行)
15cm (60行)
2cm (9行)
32cm (98针)

袖片
(12号棒针)
红色线

24针
减34针 2-1-30 平收4针
减34针 2-1-30 平收4针
26.5cm (92针)
加10针 4行平坦 6-1-10
加10针 4行平坦 6-1-10
下针
72针
分散加20针 花样B
16cm (52针)
14.5cm (60行)
38cm (134行)
21cm (64行)
2.5cm (10行)

领片
(12号棒针)

88针
44针
2.5cm (10行)
花样B
44针

花样C

符号说明:
□ 上针
□=□ 下针
2-1-3 行-针-次
↑ 编织方向

花样A

花样B(单罗纹)
2针一花样

118

开衫小背心

【成品规格】	衣长36cm，胸宽37cm，肩宽29cm
【工　　具】	8号棒针
【编织密度】	25针×29行=10cm²
【材　　料】	灰色羊毛线250g，粉红色50g，纽扣5枚

编织要点：

1.棒针编织法。由左前片、右前片、后片组成。
2.左前片与右前片的编织。以右前片的编织为例说明。单罗纹起针法，用灰色线，起44针，起织花样A单罗纹针，不加减针，织18行的高度后，改织下针，织4行下行后，改用粉色与灰色线编织花样B图案。织9行后，往上全用灰色线编织下针。再织33行至袖隆减针，左边收8针，然后不加减针，织30行的高度。下一行减针织前衣领边。从右往左，收针6针，然后2-2-2，2-1-5，

再织2行至肩部，余下21针，收针断线。相同的方法去编织左前片。
3.后片的编织。单罗纹起针法，起90针，起织花样A，织18行，再改织下针4行，然后编织花样B图案，9行，然后灰色线织33行至袖隆，袖隆两边收针8针，往上不加减针，织42行的高度，下一行中间收针28针，两边减针，2-1-2，肩部余下21针，收针断线。将前后片的肩部对应缝合，再将衣身侧缝对应缝合。
4.领片的编织。左前片和右前片的领边各挑22针，后片领边挑38针，起织花样A，不加减针，织10行的高度，收针断线。
5.袖片的编织。沿着袖口边，收8针这条边不挑针，袖口挑出80针，两边编织至边时，与衣身收针边进行合并编织，来回编织，织10行后收针断线。另一边的织法相同。
6.沿着衣襟边和衣领侧边，挑出96针，起织花样A，不加减针，织10行后收针断线。右衣襟制作5个扣眼，每个扣眼之间相隔20针，扣眼以织空眼形成，在第五行里编织形成。衣服完成。

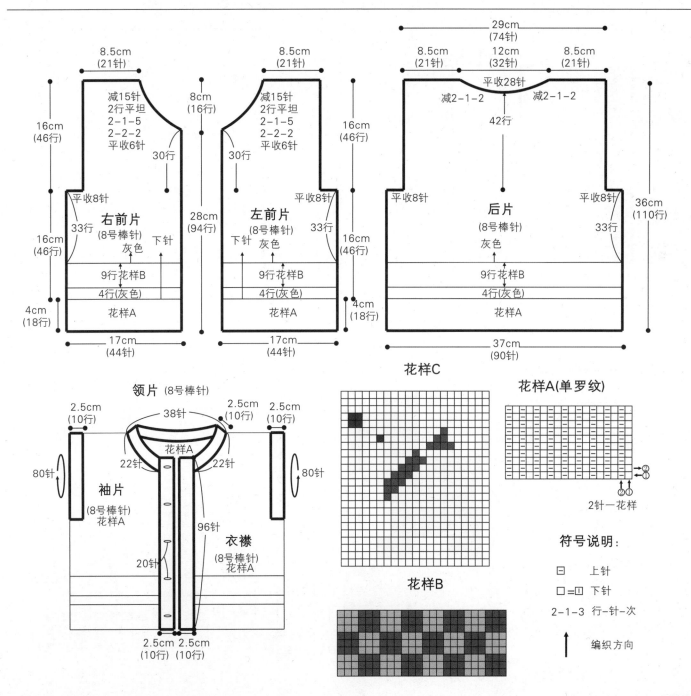

119

温暖大毛衣

【成品规格】 衣长37cm，下摆宽36cm，袖长 33cm

【工　具】 10号棒针，缝衣针

【编织密度】 18针×26行=10cm²

【材　料】 黑色羊毛线400g，红色线等少许， 纽扣5枚

编织要点:

1. 毛衣用棒针编织，由2片前片、1片后片、2片袖片组成，从下往上编织。

2. 先编织前片。分右前片和左前片编织。(1)右前片用下针起针法起32针，织花样B，并按图配色，侧缝不用加减针，织至60行至袖隆。(2)袖隆以上的编织。改织花样A，袖隆不用减针。(3)门襟从袖隆算起织至28行时，开始领窝减针，方法是每2行减3针减4次，至肩部余18针。(4)相同的方法，相反的方向编织左前片。

3. 编织后片。(1)用下针起针法，起64针，织花样B，并按图配色，侧缝不用加减针，织60行至袖隆。(2)袖隆以上编织。改织花样A，袖隆不用减针。(3)后片不用领窝减针。

4. 编织袖片。从袖口织起，用下针起针法，起40针，先织16行单罗纹后，改织18行花样B，再改织花样A，并按图配色，袖侧缝两边加5针，方法是每4行加1针加5次，织52行至袖隆余50针，收针断线。同样方法编织另一袖片。

5. 缝合。将前片的侧缝与后片的侧缝对应缝合，前后片的肩部对应缝合，再将两袖片的袖下缝合后，袖口边线与衣身的袖口边对应缝合。

6. 门襟编织。两边门襟用钩针钩织花边。

7. 领子编织。领圈边挑68针，织14行花样C，形成开襟翻领。

8. 用缝衣针缝上纽扣，衣服编织完成。

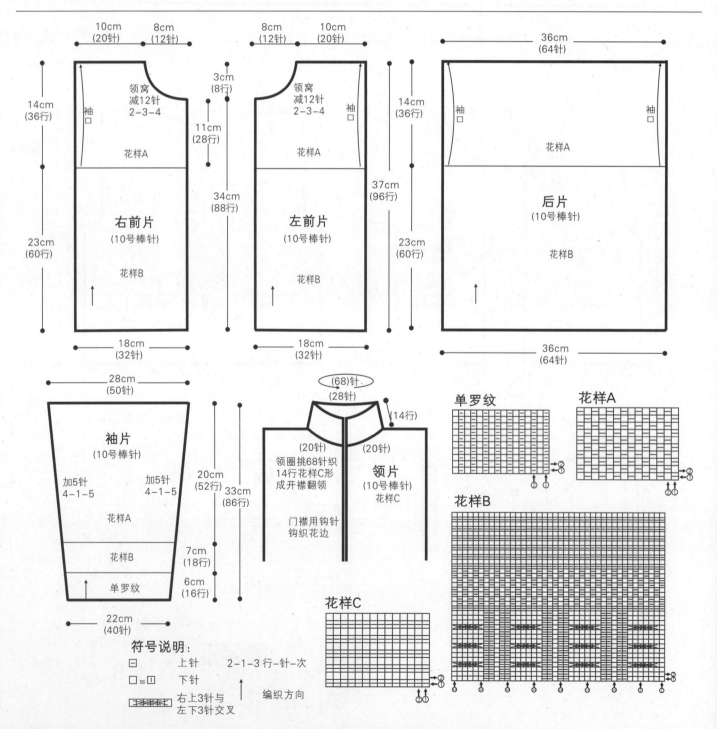